花园集

花园集俱乐部◎主编

# 庭院景观设计 II

江苏凤凰科学技术出版社

# 目 录

# 春秋拾光

项目地点：上海
花园面积：420 平方米
花园造价：硬装 120 万元 + 软装 30 万元
设计师：朱高峰、方涛、宋海波
设计单位：苏州师造设计、朱高峰创作社
施工单位：苏州枫品景观工程有限公司

中国人讲究和自然环境一起经营生活。这个传统的独立式老洋房住宅，房屋被院落环绕，虽然建筑外立面已经翻修过，但院内、院外的树木依然镌刻着时光流逝的春秋记忆。

“盖居室之制，贵精不贵丽，贵新奇大雅，不贵纤巧烂漫。”

改建后的建筑设置了大量的门窗与院内景色相呼应。“开窗莫妙于借景”，每扇窗内的居住功能对窗外的情感诉求是不同的，邻院风景各显神通，在这局促的空间内完成动静相宜，就更显难度了。

“常见文人制曲，一折之中，定有

一二出韵之字，非曰明知故犯，以偶得好句不在韵中，而又不肯割爱。”

环绕建筑四周的宅院，虽宽窄起伏变化不大，但对应时令依然有着各自的特征。

南院开阔，围墙低矮，院外绿树成荫，形成美丽的天际线；东院狭窄，空间幽静；西院与院门呼应，几棵香樟树列于围墙一侧，枝叶繁茂，零散的光影穿插其中，映射在地面上；北院则于屋后营造出私密的开阔地带。

对于一个空间而言，只有发现了它的特质，才能因地制宜地营造出有情感的设计语言。

“情事新奇百出，文章变化无穷，总不出谱内刊成之定格。”

春秋、晴雨、朝夕……大自然的语言是朴实而美妙的。初入院门门厅，朦胧的月光从门缝漏入。

房屋主门厅前列，富有动感的涌泉和安静的水面相得益彰，浮掠着来自院外的倒影和时光年华。水中的老石头探出丛丛叶绿，感受外面的世界，或是冬日午后的暖阳，或是春至晨暮，或是夏至清风……都是生命最初的模样。

“合前之曲即使同唱，则此数句之词意必有同情。”

东院、西院列于建筑左右，在左前、右后方，两面圆月门洞折叠了翩翩竹景，“宁可食无肉，不可居无竹”。每一束穿越的光影、每一片落下的草叶、每一组盛开的花朵，都陪伴着岁月的流年，轮回变化着成长的印迹。

“世人但知曲内宜分，乌知白随曲转，不应两截。”

很多人造园，只知与时令光景有关。北侧花园永远给人以阴冷的感觉，殊不知繁华过后，偏居一隅，享受天伦的冷暖自知，也是一种自得其乐。

如果南花园作为宜居的“户外客厅”，那么北花园一定是最具人情味的私语空间。起伏的脉沿、微亮的石灯，把木檐的宁静带进心扉。

时节在变，朝夕不变。于春秋间，小心翼翼地拾起不同的时光记忆珍藏，才更有意义。

别墅花园

# 汤臣湖庭肖氏花园

项目地点：上海
花园面积：690 平方米
设计师：张向明
设计 / 施工单位：上海张向明景观设计有限公司

“家就是家，温馨舒适最为重要。我特别不喜欢把家里搞得跟五星级酒店一样，但是设施一定要好的……”这就是业主的设计要求，很简单朴实的话语。

方案进行得非常顺利，客户对我们的专业能力充分信任，几乎没有经过修改就通过了。只有一个地方有点争论，当时业主觉得东北角会客区的廊架以后利用率不会很高，希望去除。这个要求其实也不算过分，国内糟糕的空气质量，以及夏天热、蚊虫多、冬季太长等原因使得很多客户对未来的花园生活并没有很高的期望。但我是一名功能主义设计师，花园在我看来是一处户外生活空

间——“花园是家居生活在户外的延伸”。

迄今为止我还没有设计过一座纯观赏型花园，我最怕遇到“我的花园不需要什么功能，做得自然一点就好”这样要求表述得很模糊的客户，花园如果没有人的生活交织其中，与野外的杂草地又有什么区别。

我向业主阐明了两点理由。第一，我们设计的廊架区域有玻璃顶覆盖，是两面靠墙、另两面敞开的空间，用专业术语讲是一种灰空间。人类在与自然相处的过程中，既需要拥抱自然又要适当地与自然保持距离，避免受到不利因素的侵害。第二，业主同时购买了两栋别墅，

一栋自住，另一栋作为客房，两座建筑都有院墙。业主希望主、客双方既分开互不打扰，又能聚到一起交流，所以在此处布置户外会客厅是最合适不过的了。业主最终被说服，收回了自己的意见。

通过对建筑外观和室内装饰的分析，我们把花园的风格锁定在“现代”和“东方”这两个关键词上，花园的整体风格简约、朴素而雅致。

花园是个回字形，分散在建筑四周。西花园是花园和建筑入口，要的是安全、私密、低调、尊贵。南花园是侧院，虽然地势平坦、阳光普照，但是距离出入口较远，只能作为过道和种植空间。东院是整个花园最重要的区域，有宽大的落地玻璃门窗，斜靠在客厅沙发上可以将东花园的景色一览无遗，可惜东院的空间面积恰恰是最小、进深最狭窄的。我们通过两个手段巧妙地化解了这个劣势：第一，原出口平台与花园地坪存在三级高差，我们将平台扩大延伸至围墙边，高差消除，空间变大。第二，在围墙上加入水景和垂直绿化，原来的围墙变成观赏价值较高的“景墙”。北院空间虽然很大，却很难发挥作用，终年没有阳光，不仅人不愿在此处活动，连草坪都生长不好，后来我们借鉴了日式枯山水园林的长处，用大片灰色砂砾覆盖，为了避免单调，用卵石汀步铺了一条蜿蜒小径，视觉上丰富多了。

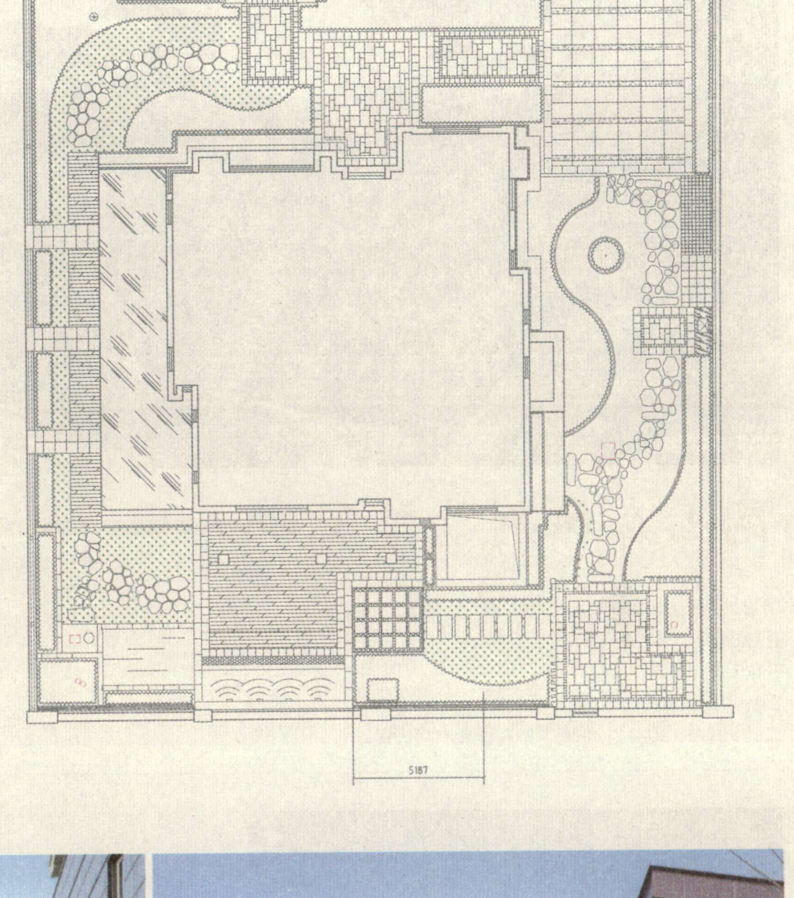
5187

# 昆山森林别墅花园

项目地点：江苏昆山
花园面积：780 平方米
花园造价：120 万元
设计师：张领
设计 / 施工单位：上海庭下景观设计有限公司

花园生活已然成了一种时尚的现代生活方式，花园在满足功能需求的基础上，还要满足视觉享受。所以对于花园的营造要更多地考虑空间环境和人文环境的融合。

这个庭院以大面积草坪为中心，通过微微起伏的地形配以层次丰富的植物造景，给人明快清新之感。庭院一角茂盛的植物，留给驻足于亭中的人更多的景观享受，使得亭子成为庭院中一处停留、休憩的私密空间。

沿着汀步行进，能看到游来游去的鱼儿，它们扭动着身子似乎在迎接客人的到来。花园生活就是要提供一个休闲的去处，闲时在园中漫步，邀三五好友品茗谈天，也不失为一种畅快之举。

依河而建的茶室，可以全方位捕捉外面的景色，闲暇时与朋友在此小憩，也是一种美的享受。

为了给业主提供健身的场所，我们在茶室一旁设计了一个小型健身房，边运动、边观赏美景，缓解身心的疲惫，营造生活的情趣，让生活变得轻松惬意。

1 凉亭
2 茶室
3 花园入口
4 水上汀步
5 木平台
6 停车位
7 景石
8 烧烤台
9 植物

# 温莎半岛

项目地点：上海
花园面积：820 平方米
花园造价：80 万元
设计师：石月伟
设计 / 施工单位：上海悉沐景观工程有限公司

泰晤士小镇是结合松江特有的河道纵横的特点，仿照英国泰晤士河边小镇风情而建造的高档住宅区，红酒会所、艺术中心、美术馆错落其中。本案花园就藏身在此，在英式小镇风格浓烈的环境下，业主有着自己的审美主张，不愿被如此标签化。为了设计这个花园，有过五座别墅花园 DIY 经验的男主人亲自上阵，三易其稿，终非满意，于是决定放手，委托专业设计师来完成这座花园。

通过现场勘察，我们的设计主线落笔在东院空间。用更具质感的材质来构造花园，让它耐用；用相对明快丰富的色彩调剂花园的色相，让它好看；用水

体让院落灵动起来。

南侧人、车两个入口，有黑棕两色铝合金构筑的大小两扇院门，中间是赭红色园艺砖砌就的墙柱，墙柱顶部线条也用黑色铝合金收边，整个南院入口处浑然一体，庄重又不失温暖。

入院后西行，是主人喜爱的石桥、假山，它们也是极好的视线分割，对提升内里的通道和草坪的空间私密度有帮助，不至于一览无余。

西院的轴心甬道，设置在建筑侧边，草坪面积在视觉上被放大了许多，户外的活动空间也变得更加充足。

浅灰色园路的边际也考虑到了入

户石阶的线条，做了部分圆弧形状，衔接西侧的大块草坪，整个西院更显整洁干净。

院门以东的视线尽头，是通往东院的步行拐点，在此处我们用了与院门色泽、质感相近的耐候钢和菠萝格木板组合，竖起一堵景墙，连接树池背后的粉壁，让视线生动起来，不致呆板；尤其在底部的浅色花箱、汀步与草坪形成的清新基调上，整个墙面显得敦实温暖。

移步东院的这段路程，景象瞬时丰富起来。

耐候钢镂空景墙背后原是珊瑚绿篱，后因东邻拆篱筑墙，就用了仿真绿化修饰了墙面，才保证了景墙的镂空效果，也是一个无奈之举。

转过景墙，便是东院的中心花园。举步上了木平台，可见一方罗汉松树池，三面环水：东、南两侧，是“L”形的锦鲤池塘；树池以北，有一块无边际镜面水景，落水潺潺。

这块水景的设计，是考虑到原庭院中此处有两排下沉空间的天窗，不利于行走，也有碍观瞻。于是，就将东排天窗改为镜面水池，保留了原设计中“地下室采光”的需求，也消解了原来走在天窗上那种惴惴如临深渊的感觉。

同时，木平台南侧树池、北侧料理台中，各自增加了透气口，用以改善地下室的通风对流。安居地下室内，举头便可见水影、阳光的变幻流动，又能呼吸到花园的清新空气，午休、晨读，都不负韶光。

罗汉松正对着建筑内的茶室，我们将其改造为日式风格，将空间利用得更加充分。盘膝煮茶时，那株罗汉松随时可供举杯遥望，以资谈兴。

沿木平台向北，是廊架区，顶部设计成可折叠开启的户外阳光客厅，在冬夏季可围合成独立空间，在春秋季又是最好的户外休闲区。现代的沙发配以简约风格的壁炉，让冬日也温暖起来。

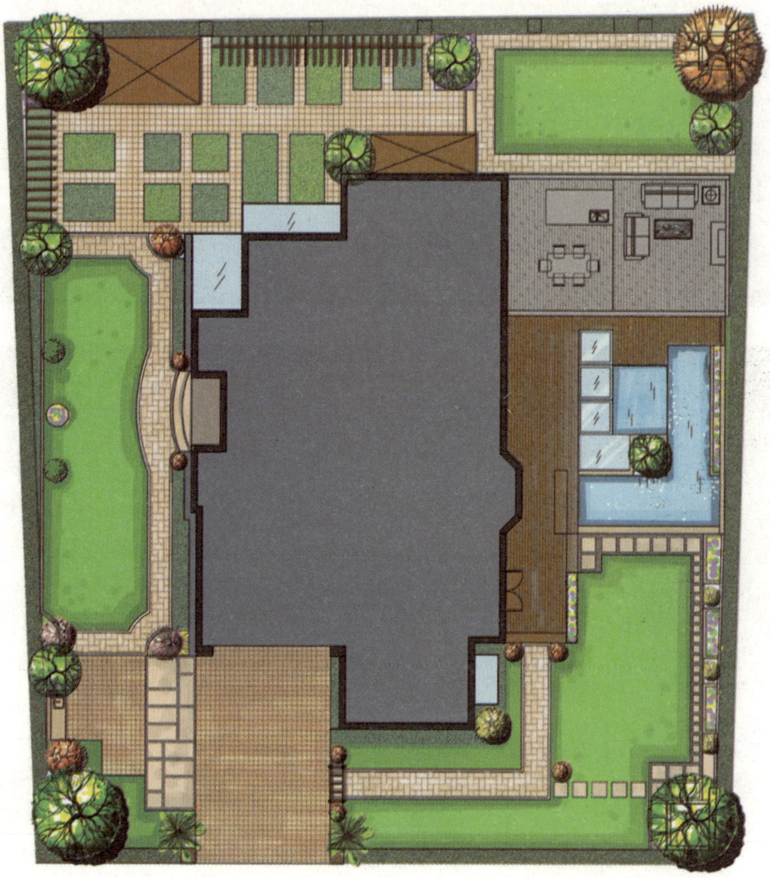

东院的北端我们做了一片微缩的高尔夫果岭，不论老幼，都可在此推杆娱乐一下。

北院西侧的光照条件不错，是一个能满足主人园艺农事的好地方。园内分畦列亩，采用与南院门同样材质的耐候钢围筑出小菜园。每个菜圃内都安装了自动滴灌系统，即使远足不归时，佳果菜蔬也全无缺水之虑。

花园初成，放眼望去，最有风景的还是内里的居人。主人勤于园艺，耕耘不辍，十指苍苍也乐此不疲。也因此，花园才历久鲜活，时光不老。

# 莲星雅筑

项目地点：云南
花园面积：280 平方米
花园造价：约 100 万元
设计师：陈光明
设计 / 施工单位：云南玉溪富杰园林景观公司

想在一个小天地里描绘自己的梦想，想将走过的万里路汇成一个家园，该如何做呢？这是一个花园改造项目，业主长期国外旅游的经验使其对花园景观有着极高的要求，在不大的空间里要求容纳茶室、游泳池、泡池、桑拿房、健身房等功能区。

设计师凭借多年的景观设计经验，运用多种景观新技术、新工艺完成了上述空间的营建与美化。

经过重新改造，花园暗藏了很多“魔法”，整个院子的精彩之处主要在于以下几个区域：智能植物墙、禅意茶室、多肉世界、游泳池与泡池、精彩角。

**智能植物墙**

花园入口左边为智能植物墙，除了保障私密性外，四季常开的鲜花墙让人深感震撼。游路小径采用专门定制的中国风墨迹汀步配以黑色砾石而成。

**禅意茶室**

茶室与植物墙融为一体，电视背景墙用铁线蕨打造出满眼绿色，简约中式风格的茶桌与产自清迈的手工灯营造出禅意氛围。茶室周围以镜面水池环绕，水面上布置造雾系统，品茶时烟雾缭绕如仙境一般。

**多肉世界**

多肉景观“黄金小径”以枯木为主题，配以迪士尼精灵系列玩偶、宫崎骏动漫小梅系列玩偶等，用50多种多肉植物以爆盆的方式种植，营造出一个美轮美奂的童话世界。完工后这里成为了整个庭院的焦点，也是人们驻足最久的地方。

**游泳池与泡池**

恒温游泳池用阳光房封闭起来，除了保证洁净外也让热量不会太快流失。泡池旁特意安排了一株清香木，使泡池与自然融为一体。桑拿房距泡池一步之遥，桑拿后可直接进入泡池享受。

**精彩角**

原汁原味的东南亚饰品彰显业主的不凡品位，这些饰品都是从清迈直接采购而来，流水缸、莲花烛台、蝴蝶饰品等都来自那里。

## 留云苑

项目地点：浙江诸暨
花园面积：2500 平方米
花园造价：320 万元
设计师：翁靓
设计 / 施工单位：杭州凰家园林景观有限公司

花园所在的别墅区依山而建，地理位置优越，环境清幽。2500 平方米的花园究竟是如何改造为拥有完美花境、适合闲适生活的呢？在接手这个项目之初，团队做了很多的方案，最终确定把一些现状保留或者做深度优化，将植物进一步修剪打理，重新优化改造水系，将假山叠水融入整个大环境。

设计师通过对原有景观元素的调整与组合，对空间进行重新划分，化解了原有山体压抑的景观环境，从而营造出舒适的景观氛围。与此同时，也为业主量身定制了新的景观元素，提升了业主

的生活品质。

在整个过程中，大多依山而建的景观会因地制宜，遵循地势条件，而不会大动干戈。人工的设计只是做些“修补”，让景观经过人的打造，更加适应人的需要。对于自然，绝不会去破坏原有的环境。不仅如此，这座靠山而居的花园中，大面积的草坪似乎是自然的一部分，格外喜人。一些参天大树保留下来，让其成为住所的一部分。树木的存在，晴时纳凉，秋日赏叶。风来时，看它摇曳的身影；雪落时，看它洁净的身姿。大概这就是人与自然的和谐共存。

汀步上采用白色砂石做铺装，易让人联想到日式庭院中的枯山水，或许，洁净、纤尘不染的美学是业主的追求吧！

人们常说“花境是草坪的裙带”，形容这里再恰当不过。我们可以看到，常绿灌木、开花木本植物、观赏类的小乔木，都被设计师应用在这个小小花境里。山、石、水、木与周遭的环境融为一体，对于生活在此的人而言，本身就是在追求美好、追逐随意自在的那分心境。

# 澄澈·镜像光影

项目地点：上海
花园面积：200 平方米
花园造价：约 100 万元
设计师：贺庆
设计 / 施工单位：上海沙纳景观设计有限公司

这所花园的设计理念为打造一处现代禅境——在都市的尘嚣中留一方净土，传达属于大自然的声音。作为一名摄影爱好者，业主热爱生活，追求镜头的美感，也希望能拥有一个世外桃源般的花园，于是我们双方一拍即合。

花园可细分为前院、侧院及后院，三处景观打造各具风格，却又通过围栏、铺装等紧密联系，仿若藏匿着一根纽带，将整个花园融为一体。

别墅前院入户处原有的草坪、绿篱只是为了保证绿化覆盖率而草草栽植的，缺乏新意。我们将原本的植物移除，换上特意培育、品相精美的球形植物组合，将其修剪成大大小小的球状，交错排列，使前院层次分明。此外，球形圆润、饱满的憨态外观丰富了花园的空间感，且看上去充满趣味，灵动大气。

所谓的侧院其实是连通前后院的通道，位于建筑的侧边，本来极为狭窄，我们拓宽了道路的地面部分，并在末端设置台阶，加强了节奏感。台阶底下埋有灯带，即使在夜晚也能给人指路，美观实用。此外，我们还为侧边的设备套上了一层外壳，颜色与花园围栏相衬，既实现了整个花园的联系，也遮住了不美观的部分。

打开中间的隔断便进入后院，这是一个真正的世外桃源。进入后有一段过渡区，应用和侧院地面同样铺装，由密生的草本植物将人带入这个世外桃源。向前望去，入眼的汀步呈现为大小不一的圆形，延续了前院球形植物“圆”的理念，象征“圆满”。右侧是一株姿态美丽的红梅伸展着枝叶，下方有丛生灌木与景石点缀，透过窗户从屋子里向外望去，能看到窗边的红梅与景石组成的组景，形成一幅迷人的框画。

走过圆形汀步便来到后院的中央，此处是一个规整的休闲平台，在米白色的天然石材的映衬下，花园景观更显干净明亮。平台边缘的区域便是原本的池塘所在，将之填满后土层肥厚，适宜种植。

我们设计了五个植物岛，分别以五种大树作为主轴打造禅意景观：靠近立面水景的植物岛设计了一棵枝型舒展的鸡爪槭，枝叶柔美，在地下天井也可以透过水面看到其伸展的枝条；接下来是一棵丛生木绣球，它也组成了屋内的第二个“框景”，站在室内客厅的位置，透过大窗便可捕捉到这幅框画，洁白的花朵在灰色围栏的映衬下更显纯洁；再者就是一棵丛生海棠，在灰色围栏的背景下，粉色的花朵和细嫩的枝条展现出自然的干净和纯粹；最大的种植岛是入户门的正对面，在这里，我们设计了一棵枝型非常优美的山楂树，春观叶、夏观花、秋观果、冬观枝，可谓四季有景，却又四季异景；在最右侧的角落设计了一棵枝叶茂盛的桂花树，充实的体量支撑起角落的景观，成为植物岛中坚实的后盾。桂花树的下方铺设苔藓，再用灰色的砂砾塑造出溪流的延伸感，形成“苔藓彼岸，砂砾溪流”的自然景象。更绝的是一夜春雨过后，满地的落花呈现出凋零的美感，令人心生凄然的向往。

平台的正中，原本为下方天井采光所开的大天窗被缩小至三个窗格的面积，再加以修饰，制成四周溢水的流动水景，使这处碍事的天井成为花园的一处亮点。无论是从外部观赏这处溢水景观，还是从天井内部观赏映着光晕的水波，看到的都是美景。

与之相映的是在圆形汀步边侧的围栏上，天井的对面立上了一块不锈钢镜面水景，舒缓的水流缓缓淌下，模糊了不锈钢的花园影像……这种打破常规的镜面水景墙设计，一方面在视觉上扩大了花园的空间，另一方面活跃了花园的氛围，水一动则所有景致随之而动。两处水景相对，互为镜像对景，打造了后院与地下室的光影景观，使花园富有生机与韵味。

花园的功能性也是着力打造的部分，设计中的户外操作台、户外壁炉、户外桌椅等都是经过悉心挑选，为这个充满现代禅意的花园量身定制的，旨在让业主真正地在休闲中感受自然，品味花园的魅力。

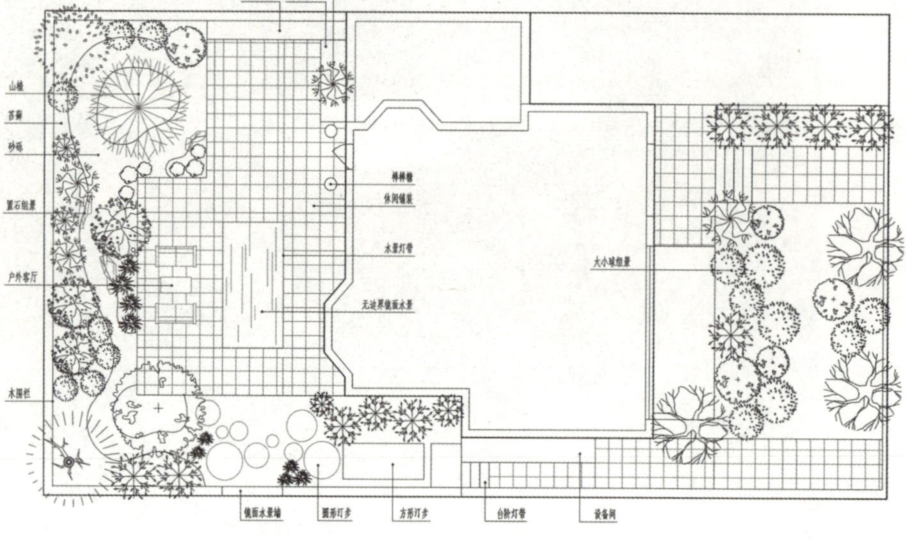
枇杷树
整形绿篱
操作台
山楂
苔藓
砂砾
置石组景
户外客厅
木围栏
棒棒糖
休闲铺装
水景灯带
无边界镜面水景
大小球组景
镜面水景墙
圆形汀步
方形汀步
台阶灯带
设备间

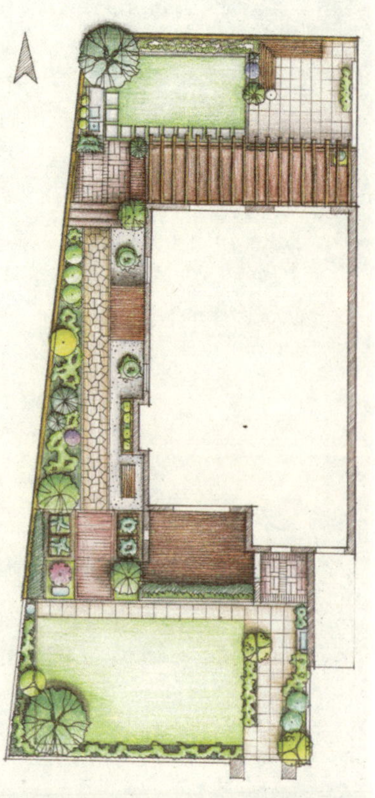

地面花园示意图

# W 小姐的花园

项目地点：上海
花园面积：300 平方米
设计师：Anna Lau
设计 / 施工单位：上海堂乾园艺科技有限公司

整个庭院是三世同堂，花园满足了每个人的想象。

喧闹的城市让我们失去了自然的沉静，岁月的匣子却捆绑不了我们的呼吸。花园，让我们沿着心中的向往坚定前行，在那里，才能找到真正属于自己的那分简单和快乐。花园成为生活空间不可或缺的一部分。

W 小姐是一名服装设计师，一直对美、对设计有着十分的热爱和渴望，她是第一个带着自己手绘的设计图和意向图来找我们的业主。W 小姐心目中的花园是一家人的，三世同堂，其乐融融。它要出于家又融于家，同其他房间一样，是家庭生活空间不可或缺的一部分。

W 小姐说，它的样子应该是这样的：家中的鹦鹉能重回大自然；孩子能尽情地撒欢玩耍；朋友们能在这里开心地聚会；当然更是自己乐于待着的地方。这里要有可以散步的木甲板、一块可以随心种植的园艺区、一片能让小朋友玩耍的草坪，还要有一间大大的模拟自然生态的鹦鹉房。

当暖暖的阳光懒懒地爬上墙时，在淡淡的咖啡香中，看看书，听听音乐，做几次深呼吸，贪婪地嗅着阳光的味道，偶尔给身体和灵魂放个假，享受一场阳光盛宴，日子简单而美好。如此惬意的生活不是想象，不过是某年某月某日在花园中的真实存在。

花园完工后，大面积简洁的木质甲板流露出自由的气息，修剪整齐的几何形植物营造出浓烈的现代感，让花园的本质回归主人的想象。它充满自然生机，从爬藤植物到花草灌木，没有特别丰富的植物品种，却每一株都胜在精挑细选、造型别致。

在纷杂喧嚷的世界里，用以馈赠自己的好时光莫过于全家人待在一起，泡上一杯茶，焚上一盏香，在孩子的笑声里打开心底的防线，让身体浸润在轻缓的微风和花香里，耳边传来父母的叮咛抑或爱人的呢喃，这是现在能想到的人生最奢侈的旅程。

屋顶花园示意图

# 半闲居

项目地点：江苏苏州
花园面积：220 平方米
设计师：李红娟
设计单位：苏州田栖景观设计有限公司
施工单位：苏州懒人营造景观工程有限公司

古语有云：闲庭信步，看枝头花开花落；淡影轻吟，望天上云卷云舒。庭院，应该是我们的灵魂栖居之所。在车水马龙、寸土寸金的城市，虽然难得“采菊东篱下”的悠然，但于家中回归诗意与宁静，在爱庐里忘却忧愁、释放自我，依然是我们的渴望。半闲居就是这样一个地方。

**对话园主**

“隔断城西市语哗，幽栖绝似野人家”，这是半闲居给人的第一印象。初次“闯”入半闲居见到园主夫妇，他们给人平易近人之感，且富有品位，游历

过很多地方。经过两小时的密切沟通，园主夫妇向设计师描述了他们所期待的“城市田园”——禅韵、茶香、质朴、宜居。

**理念探索**

根据与园主夫妇的沟通及到庭院的反复踩点，设计师向园主夫妇提出了禅意自然、诗意栖居的设计理念，营造茶香、禅意、宁静的庭院意境。庭院里有山石、茶韵、鱼游、花香，既可闲庭信步，又可对月听风，别有一番风味。想要打造出独特精致的景观，需要前期大量的资料收集及提炼。设计并不是单纯

借鉴，而需要灵活变通并融入设计师的精神，才能达到巧、妙，而不雷同。

**现状分析**

初见半闲居，园主想要打造的理想田园已经初见雏形，但需对某些物品进行取舍。设计师在充分研究禅意景观的基础上，利用景石、砂石、老石板、水钵等元素造景，在动与静、软与硬中寻求平衡，以期打造禅意的意境。

**主入户区域**

该区域主要以植物提升为主，入户处三个主要树种桂花、蜡梅、栾树保留下来，下层植物以梳理为主。对原有入户廊架保留并加以整修，庭院入户门换用古朴老木门式样，院墙上攀爬植物更显曲径通幽之感。

主入户区域将原先杂乱的花草树木一一剔除，种植参天齐整的大树，配以整齐的石块做铺装，给人清爽、简单、干净之感。

**南侧出户区域**

对于南侧住宅与花园衔接区域，我们把原有的小青砖铺装换成老石材拼接铺地，在出户一侧设置大的老石槽作为洗手盆，原有围栏改为防腐木围栏。对靠近围栏处的植物及地形进行提升设计，同时使用惊鹿小品和景石组合点缀庭院。

**假山水池区域**

水池区域为庭院中心观景区域，我们在保留假山的基础上对原有水池进行重新设计，水池周边的植物也进行重新整合。该区域还使用竹篱进行空间围合，营造多层次空间，使庭院更富活力。

**茶室片区**

该区域位于庭院西侧，主要为茶室前庭院景观。该区域使用旱溪、石组、蹲踞、青苔等设计元素，力求迎合园主的爱茶喜好，将禅意、茶韵表达出来。

## 双珑原著

项目地点：北京
花园面积：137 平方米
花园造价：30 万元
设计师：冀静
设计 / 施工单位：北京集景云成园林工程有限公司

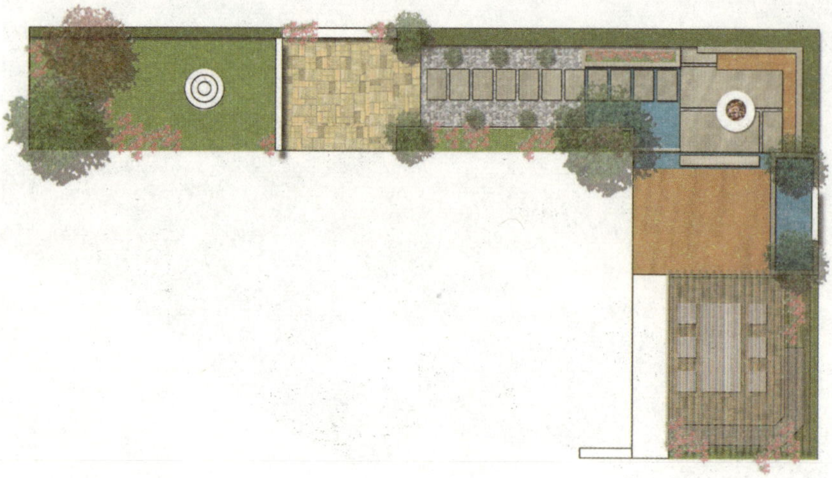

整个别墅庭院呈长方形，较为规则，除主建筑别墅外，还有约 137 平方米的设计面积。南面为小区道路，东面和北面为邻家别墅花园，西面以墙为界是与之对称的别墅及花园，基地平整。

好的庭院都是与周围环境以及主人的兴趣爱好极度契合的。通过和业主的沟通，不难发现其对园林的渴望，希望通过园林的精美设计来体现自己卓尔不群的审美及独特的眼光。

本案外观建筑为高端产品，建筑外观定义为简约欧式风格，凸显材质本真的特点，将静谧自然的环境与建筑结构完美统一。在庭院的设计营造上，也秉持这一风格特点，使得花园与建筑融为一体。

# 白马园

项目地点：上海
花园面积：40 平方米
花园造价：8 万元
设计师：石月伟
设计 / 施工单位：上海悉沐景观工程有限公司

看到这个花园的时候，我想起了顾城的《门前》。有人常说工作好累，生活在别处。但对于热爱生活的人来说，如果工作是快乐的，那么生活就是天堂。花园的主人是一对中年夫妇，在上海经营着不需要去奔波操劳的事业，财务自由，孩子上了大学，两人每天和六只狗狗认真地生活。

本案是一个联排别墅，虽然不大，但有车库、地上花园、下沉花园，每一层都有可以活动的露台，是理想中的多层立体绿化空间。说起这套花园，真是一个一直在延续的故事。

七年前我就认识了花园的主人，虽只有一面之缘，却建立了完全的信任，花园虽只有 40 平方米，当年却是整个小区里花费最高的一套。七年沧桑变化，家里的人和习惯也在慢慢发生改变。原来的孩子已经长大离家，家里也增加了六只可爱的狗狗，花园主人于是决定重新翻新花园，为狗狗们做一个可以自由活动的温馨小窝。

经历七年磨炼的我也义不容辞地接受了这个任务。首先整理一下花园主人的诉求：需要一个可以让狗狗们活动的开阔场地、一个可以让乌龟及小鱼共同生活的家，以及可以四季更替色彩和方便打理的植物。更需要一个可以承载爱且温暖的花园。

由于花园比较小巧，考虑周围环境，我将设计定位为现代简约风。主体色调采用灰色和暖色的对比呼应。

花园整体地面抬高了 45 厘米，以降低花园与室内空间的高差，增加空间的开阔性。将原来花园里的几块老石板作为台阶再次利用，也是对其最好的用处了。

花园中最大的亮点要属这条线条简洁的小溪了，虽然只有 50 厘米的宽度，但却环绕 3/4 的花园，给小鱼和乌龟们提供了一条可以自由游动的跑道。由于比较窄长，且和大水池的工序一样烦琐，所以不易施工。

从客厅出来，映入眼帘的是水幕墙景观，也是花园的视觉中心。设计采用艺术玻璃的效果，但在施工中遇到了不小的难度。因为其面积小不易加工，在材料选择上做了仔细推敲，中途也想过

换成不锈钢、耐候钢甚至石材，最后经过苦苦寻觅，没有放弃最初的目标，才最终呈现出这灵动独特的美。

小院虽不大，但每一个细节都足以成就花园独特的气质。院门更是不可或缺的一部分。明明可以直接装木头的小门，非要用纯铸铁镀锌的边框，施工中各个工种更是要配合紧密。上等的钢材经过切割、焊接、镀锌，再到木材厂安装木质部分，拥有双面的看面，又不能有龙骨的结构，这每一个想法都是折腾人的节奏。虽然金属部分只露出 1 厘米的边框厚度，但赋予小门的却是脱俗的气质，更包含了每一个匠心的修炼。

花园两侧分别是不同个性的邻居。想要满足每个人的需求确实不易。东面

邻居喜欢自然，不想破坏原来的风格，所以继续延续灰色调的风格，穿插木色围栏，增加冷暖对比。混拼直线条木围栏，灰色基调沉稳、安静又不失活泼的变化，红雪松的木围栏天然防腐、易于加工、挺阔细腻又不失高贵品质。

小院西面的邻居喜欢私密，于是就有了墙面和木板相结合的思路，统一中富于变化，简洁中增加趣味。小小的院墙增加了一个小立柱，既打破单调，又是放置花园水栓的最佳位置。

小小的平台可放花盆，也可以闲坐，看看鱼儿，听听水声。水池边的小雕塑也是我的小收藏，遇到更喜欢的人，相信也是它们最好的去处。站在窗前，静看花开花落，那扇小门也常常随着人们的心，时而开启时而关闭。

夜幕降临，华灯初上，小院变成了会跳舞的精灵。闪烁的光映衬着水里的鱼儿，让花园变得更加灵动。

二楼原本是一个敞开的露台，在花园主人的精心打造下变成了一个禅意的小空间，衬托窗外的竹影婆娑，别有一番韵味。

三楼的天台花园也是我七年前设计完成的，这次并无改动。

这座天台与我们一起，经历了七年时光的魔法——今日的我们已非故我，而这座天台也有了岁月的痕迹，这痕迹印在粉墙、石台、木板上、植物上，像在诉说着：嘿，老朋友，好久不见。

# 叙时光

项目地点：江苏无锡
花园面积：340 平方米
花园造价：硬装 70 万元 + 软装 20 万元
设计师：朱高峰、方涛、宋海波
设计单位：苏州师造设计、朱高峰创作社
施工单位：苏州枫品景观工程有限公司

对于一个花园而言，比美更重要的是园居生活。

作为独立式住宅，园是组成家的一部分，当我们的身体在建筑庇佑下生活时，我们的灵魂一定是在园里修养的。

对于“道法自然”，我们的理解是：“法”不是抄袭或模仿，而是一种交融和相处。设计花园，我一直敬畏着自然。季节更替带来的空间感受，或冷或暖，或晴或雨，或明或暗，或阴或阳……都会给我们的生活带来不同的感受。

这座住宅地处太湖沿岸东侧，花园位于建筑主体东、南、北侧。“冬至北园阴冷、南园温暖，夏至南园炎热、东园阴凉”，这是我们对空间最直观的判断，因此在北院东侧入室的位置做了一定的“仪式感”。

门厅彰显了一户住宅的气质，“犹抱琵琶半遮面”的空间情调体现了江南的婉约低调，既迎来了热情的客人，也婉拒了肆虐的北风，为住宅做足了舒适储备。

夏至的东园是纳凉的好场所，微风拂过水面，“溪流湍急，映带左右”，

一组诗意的篇章贯穿生活的晨与暮。

园应该是人们室内居住生活的情感延续，不同的门窗传递着不同的情感需求。

造一个园，是为了让生活更丰满。除了门厅的仪式感，还要有打开客厅门窗而看到的开阔优美、餐厅门窗外传来的可餐秀色与灵动情调，以及厨房、卫生间、客房外的洁净、私密与宁静。足不出户，便可知春秋。

一个家，对园的需求是不同的。

在我们看来，任何一种孤调的形式都无法满足所有成员的情感表达。老人、年轻人、儿童对一座园都有自己的居住感受，岁月往往会把时间和空间串联起来，或禅茶田园，或简约情调，或安静灵活，都会因为“一个家”的生活形成一番生动的情感景象。

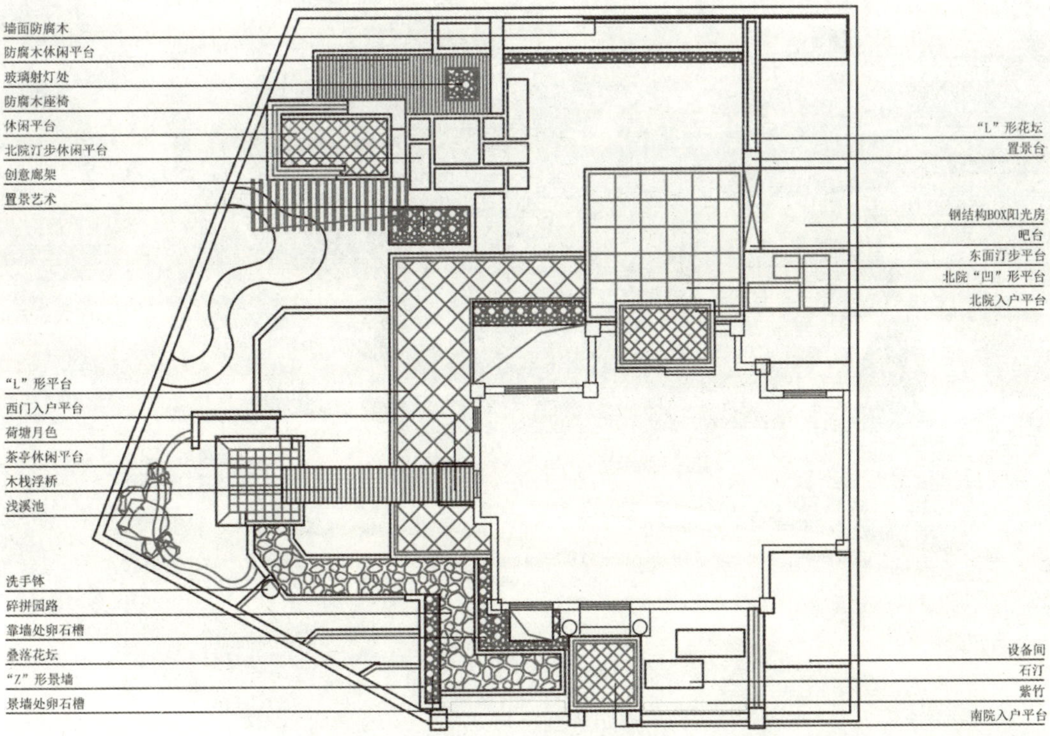

富足的生活不仅体现在轻松快乐的心态，更是始于当下，植一株心爱的花草，饮上一杯心爱的果汁，阳光房就是一隅户外的乐园；栽几丛刚劲有力的竹，在幽幽树荫下置上一块石，静候苔藓布满起伏的坡，设备房的角落也是内心深处的向往所在；静候生活的种子从菜畦柔软的土地里悄悄发芽生长，直到夏秋叶繁枝茂，硕果累累，岁月总是如此多情且耐人寻味。

一个家，把我们所有的角落刻画成了记忆，又把我们所有的记忆收藏了起来，这便是园居生活的滋味。

# 森林别墅

项目地点：江苏昆山
花园面积：280 平方米
花园造价：42 万元
设计师：张领
设计 / 施工单位：上海庭下景观设计有限公司

此庭园属于改造项目，建成已有五年时间。

园子的主人非常低调且有亲和力，一开始找到我们的时候并没有告诉我们他的需求，而是和我们聊他的人生故事。这对于我们来说正合心意，因为要做好一个园子应先了解主人是什么样的人，再去想设计什么样的园子与他匹配。

与园主几番交谈后，我们了解到他有几个爱好：喝茶、藏茶、读书、旅行，还有对庭院里亲自种的几株猕猴桃甚是

喜欢，因为他说自己见证了它们的成长，从小苗到枝蔓满廊，再到硕果累累，所以一定要保留下来并不能移位，因为要让它们好好地生长。我想这应该是他对生命的一种情感吧！

通过交流，了解了园主的生活和他对庭园的感受，然后我们开始着手设计。我们将庭园的整体基调定义为古朴、自然，要有文化气息和情调。基调确定后我们对原有庭园的布局和现状进行了分析，然后做了较大的调整。

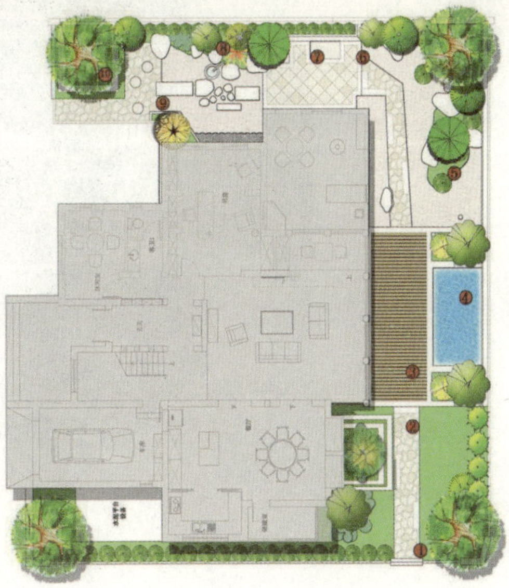

1 庭院入口
2 休闲小路
3 木平台
4 锦鲤池
5 枯山水景观
6 休闲小路
7 小水景
8 净手钵
9 汀步
10 树池

原有庭园小品只保留了一个水池并进行了改造，路径采取了转弯式的延长设计，使庭园更加深长。植物保留了四棵猕猴桃、一棵大早樱、一棵古枣树和建筑上的爬墙藤蔓植物。我们认为此园的设计难点不在于整体的规划，而在于材料和小品的选择上。最终确定整体的面材选用有岁月感的老石板和石条，用自然的木材和景石小品来营造淳朴的自然庭园，表现岁月的痕迹。

陈从周先生曾说：华丽之园难简，雅淡之园难深。简以救俗，深以补淡。这也是我们在此庭园设计过程中进行取舍后所提炼出的主要精神。

# 中邦上海城

项目地点：江苏启东
花园面积：338 平方米
花园造价：65 万元
设计师：彭涛
设计 / 施工单位：上海昱邦园林景观设计有限公司

本案的设计思路是，迎合园主对大自然的喜爱，同时融合地方风俗习惯。园主是一个非常细腻，做事非常严谨的人，经过多次沟通，最终确认了方案。

南院面积比较大，是园主主要的活动区域。东西两侧较狭窄，设置了不同的汀步，营造视觉变化。庭院的西侧设计了一个休闲茶室和假山水系，园主除了可以享受庭院生活的静谧氛围，还可以观赏锦鲤的游弋身姿……

从茶室对望过去，是一棵百年的紫薇桩头。通过木柞道来到河边的亲水平台，园主可以在这里与朋友聚会，或者午后沐浴阳光。

最东面的通道，考虑室内楼梯口看起来的效果，我们做了一个日式景点和苔青，令园主叹为观止。

# 一个会讲故事的庭园

项目地点：四川成都
花园面积：298 平方米
花园造价：68 万元
设计师：田雪岩
设计 / 施工单位：成都艺境花仙子景观工程有限公司

本案地处盆地，气候适宜私家花园的养成。内心乡愁是我们对花园生活的理解和延续，它是大自然的浓缩，也是和大自然对话的方式。花园的价值就是给自己一方洁净空间来疗愈心灵，所以在这个园子里也是在营造一段故事。

一个负责任的花园设计师应该将理性思维和感性情感相融合。因为在庭院因素当中，需要从整体上理性地思考环境、建筑和室内之间的关系，这就是因地制宜的最好解释。这个房子属于联排别墅，房子大门朝向西面，花园在客厅的东面和东北侧，是一个“¬”形的空间，所以我们在设计时对下列几个问题进行了思考：

**环境考虑**

对于像这样建筑附属于庭院的空间，首先我们会考虑它所处城市的历史风貌及民俗风情。成都位于岷江流域的冲积平原，属于亚热带的季风气候，但是四季不太分明。

对于建筑的外立面，我们尽量追求建筑的统一呼应和互补，但是由于建筑主体元素无法改变，只能在原有基础上做了一个混搭的院子。通过这样的延伸，让这个建筑不再是一个孤立的单体，而是融入这个环境当中。

在花园茶亭的北面，临着邻居家的庭院，还需要做一些遮挡。它们之间原本有道很矮的砖墙和镂空的木栅栏，为了不影响邻居的后期改造，外围采用雕花镂空的装饰铁艺栅隔，通过绿植的装饰来减少一些硬性的干扰，同时使这个空间更加安静私密。

**移步换景**

入口的现场，有一定的回转空间，宽度有 1.5 米，完全可以营造一个交通迂回的感觉。在转角接口处用一棵红枫修饰，形成障景的感觉，不会让人一眼望穿此园景的用意所在，天气适宜时一家人可坐在景亭下谈天说地，享受天伦之乐。然而，由于空间的关系，隔壁相互间有一定的干扰，所以在和隔壁相隔的地方设置漏景墙来分隔，并在墙后种植墨竹，起到遮挡邻居视线的作用，并增加花园的进深感。虽然花园的面积不是很大，道路不会有很多造型，但还是要营造一种曲径通幽的感觉。

障景的原理，其实就是欲扬先抑。既保证花园不会在入口处就被一览无余，同时也让人在进入花园时，有一定的期待。通过了这个相对狭窄的通道后，左边是宽敞舒适的茶亭，茶亭旁池水荡漾，远处的假山或隐或现；右侧则是曲径通幽的园路，通过此路时可以赏花逗鱼。夕阳西下，花木疏影倒映在水面上，呈现出写实的“横斜疏影水清浅，暗香浮动月黄昏”的美景，可谓妙哉……

# 诸暨玫瑰园西霞苑

项目地点：浙江诸暨
花园面积：1800 平方米
设计师：翁靓
设计 / 施工单位：杭州凰家园林景观有限公司

这个别墅花园闹中取静，加上庄重大气的法式建筑，更显得气度非凡。它依山而建，西高东低，三层台地式地形加上一块后山自然山体，因此现场大概分为四个空间。

在打造花园前，我们在满足功能要求的前提下，对别墅园林的空间形态、周边关系、院落比例、尺度进行了详细的研究与推敲，形成了具有人性化、参与性、可持续性的景观空间与生活场景，想要为园主营造一个具有私密性、独享性、生态性、精神性以及安全性的多位一体的居住环境。

在结合地形的别墅庭院设计中，我们首先梳理所在环境的空间结构，驾驭环境的空间联系。根据现场的特殊性，通过因山就势的布局，丰富视觉界面的构成，同时利用视角的变化，从观景、借景两个方面来体现现场优秀的自然资源优势。根据现场的落差关系以及建筑与庭院的布局关系，本案可大致分为两

大区块：从庭院入口大门至建筑主门头的入口前庭区，以及靠山的后院区块。

前庭突出景观效果和别墅入口的可识别性，整体空间运用了法式大轴线贯穿，体现了空间的整体性和大气的景观效果，在地面铺装部分精心设计了个性化的地面拼花，加强了空间的独特性与可识别性，在轴线的交叉点上设计了欧式叠水景观雕塑，加强了入口区块的立面景观效果。围绕整个区块，周围进行骨架植物的空间营造，中下层植物主要体现迹象变化，主要节点适当点缀花境，渲染前庭花园的氛围。

后院区块因山就势，与前庭相互借景、相互衬托。主体景观构筑物运用法式古典柱式形态进行装饰，造型严谨、恢宏大气，在追求庄严之感的同时，方寸之间尽显纯正法式古典之美。在建筑风格上与前庭相互匹配，结合山体设计叠水瀑布，成为前庭区块美好而又恢宏的背景。

**标 注**

1、主入口
2、艺术铺装
3、特色景墙
4、花坛
5、艺术小品
6、花纹铺装
7、台阶
8、休闲平台
9、阳光草坪
10、泳池
11、spa池
12、水池边缘
13、木平台
14、廊架
15、躺椅
16、沙发
17、烧烤台
18、假山叠水
19、木栈道
20、亲水平台
21、老石板
22、艺术园路

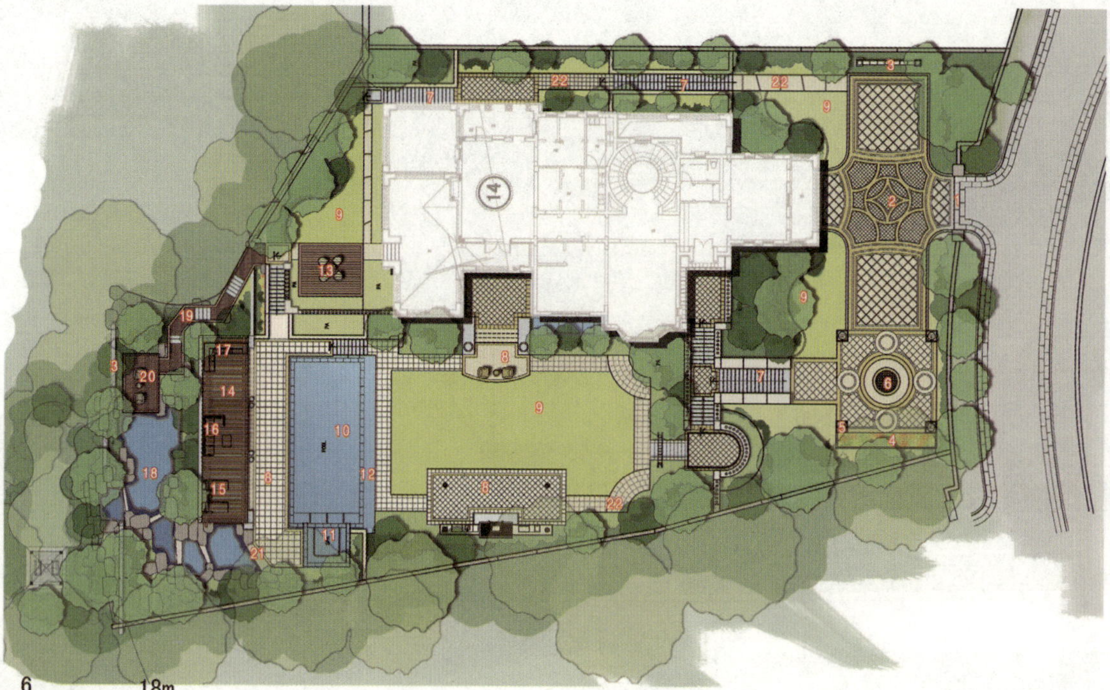

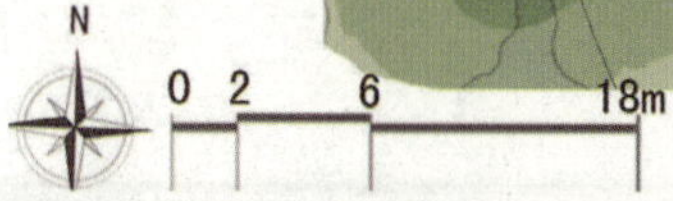

# 月居

项目地点：河北张家口
花园面积：179 平方米
花园造价：28 万元
设计师：楼嘉斌
设计 / 施工单位：北京和平之礼景观设计事务所

该项目位于张家口市怀来县官厅水库旁，建筑为法式风格，花园呈长条形。设计师结合现场状况及园主的要求，运用专业知识对花园景观进行整体规划，合理分布功能区，营造出良好的花园空间氛围。

应业主的要求，花园整体风格为自然英式花园风格，设计中加入了枕木、自然石块的元素，与植物结合形成自然、精致的花园景观。现根据地理分布将花园分为三个部分，即南花园、北花园及西侧通廊。

**南花园**

在南花园内规划了一处次休闲区，枕木碎石小径通向花园深处，木质座椅放置在花境中，方便园主欣赏植物。花园的东南角处种植了一棵大乔木，以起到庭荫的效果，成为南花园的主景树。花园入口左侧采用自然石块砌筑成花池，展现自然、粗犷之感。随意摆放的景石与植物相配，发旧的枕木与碎石结合，形成弯曲的花园小径，植物在自然石块中蔓延生长，如此形成高低错落的花园景观。

**西侧通廊**

推开白色的拱门便来到了花园的西侧通廊。自然不规则石块形成蜿蜒曲折的碎石小径，直通北侧花园。小径左侧是种植蔬菜箱，复古的立水栓位于蔬菜种植区一侧，方便日常的蔬菜种植。小径两侧种满各式花境，精致而美丽。小径的尽头是用复古砖堆砌而成的景墙，景墙中镶嵌造型漏窗，虚实结合，既起到了屏障的作用，又能框景。景墙上攀缘的爬藤植物和石缝中偶然生长出来的植物，给人带来了大自然的生机。

**北花园**

绕过景墙便是北花园的所在地，复古砖拼合而成的圆形休闲区与建筑次入口相连，也是北花园的休闲区。景墙后芭蕾舞少女水景脱颖而出，水从少女足底流出，发出潺潺水声。涌泉后侧种植了一株花树与灌木搭配，形成涌泉的绿色背景。此外，花树也与通廊的景墙搭配，形成南北的视线焦点。此区域与南花园采用了相同的设计手法，通过抬高的自然石块，花池与枕木、碎石、景石元素结合，与植物搭配共同形成高低错落的花园层次，来丰富花园的竖向空间。将工具房、工具柜及工具桌放置在靠近建筑墙体的区域，方便花园杂物的存储。

**植物种植设计**

花园的植物种植采用自然混种的搭配方式，植物种类丰富，品种特别，旨在通过植物营造出纯正的英式花园。南院以欧月和北方宿根植物为主要观赏植物，从侧院至北院依次规划为绣球区、蔬菜香草区、牡丹芍药区、观赏草区、林地花境区。通过不同主题的植物规划设计，来展现花园各个区域不同的美，实现三季有花、四时有景的规划目标。

# 君地蔚林半岛

项目地点：上海
花园面积：280 平方米
设计师：邓萍
设计 / 施工单位：上海花冶园艺有限公司

园主对于花园的设计，有几点自己的想法，希望在花园里有这些元素：趣味溪流鱼池、观鱼休闲平台、婉转的园路、秋千平台、局部种菜及工具收纳房、浪漫的藤蔓花架。

我们在设计主题上，以“水”为中心，连接前院与侧院，使整个平静的院落瞬间活泼欢快起来。蜿蜒曲折的小路采用碎拼的效果，实现了美观与功能的要求。

东侧配以紫藤花架，春季到来，紫藤花垂落下来，芬芳扑鼻，也有紫气东来的寓意。水边繁花围绕、景石点缀，夜景灯光迷幻，坐在休闲木平台边，水声、风声、花香舞动满园，营造出惬意温馨的别样花园。

爬藤满架的花架下是临水的木质甲板，站在甲板上看到的是较远处的溪流叠水，以及游鱼与荷塘景色，身后是蜿蜒曲折的天然石材小路。闻着路边的花香以及青草的气息，一路向前，看到的是菜园，尽管不大，但总会有收获的乐趣，远处是五彩的爬藤绽放在唯美的花架上。楼梯下是日式小景，风姿绰约的造型树、纹理沧桑的景观石、清脆悦耳的竹滴水、竞相开放的花儿，令整个花园灵动起来。

# 中信森林湖

项目地点：山东青岛
花园面积：150 平方米
花园造价：14.6 万元
设计师：周坤
设计单位：青岛元舍造园设计工作室
施工单位：青岛禾峰装饰工程有限公司

本项目地处青岛胶州市少海别墅区，面朝湖泊，地理环境优美。园主对日式庭园的简洁质朴情有独钟。

本方案采用竹子、砂砾、自然石、微地形、石灯和流水石钵作为主要元素，贯穿整个方案。方案整体以观赏性庭园为主题展开设计，根据花园整体分析，分为南院入户区、东西两侧游路观赏区、北院休闲区几大部分。

南院入户区的设计理念为回归自然，采用了以小见大的手法，通过模仿丛林小溪的自然形态来表现幽静自然的空间。

原有建筑墙体的外部高度给人压抑之感，采用竹篱笆的形式加以弱化，在设计上采用了前高后低的手法，来体现空间的景深感，给人一种无限的空间想象。溪流源头采用日式经典置石手法，蜿蜒的地形曲线宛如自然界的河流。

园主归家后，停留此地便可感受大自然的美妙，树影在地形砂砾间晃动，雨滴滑过枫叶滴落在置石上，宁静质朴的美就在眼前。

入院穿过台阶转身对景，质朴的竹排屏风在青竹的点缀下显得幽静洒脱，竹叶下便是用古朴的枕木制作的立水栓。枕木的古朴质感在青竹的映衬下显得自然灵动，给人一种沧桑而又充满希望的精神享受。

顺着自然的石板汀步一路向前，眼前展现的便是北院的休闲观景区，可看到挑廊下的木平台、古朴的山石汀步，沧桑老旧的石条与卵石穿过质朴的沙海，呈现在我们眼前的便是一幅美妙的风景画。竹筒流水借景到门厅，将园主引入园中，感受大自然的气韵。

在明月高悬的夜晚，一轮圆月倒映在石水钵中，感受“明月来相照”的情怀。通过竹篱笆与植物的搭配将空间虚实结合，物与物之间适当留白，给人一种无形的联系空间。这就是日式花园的奥妙所在，通过有形与无形的东西来体现美的精髓。

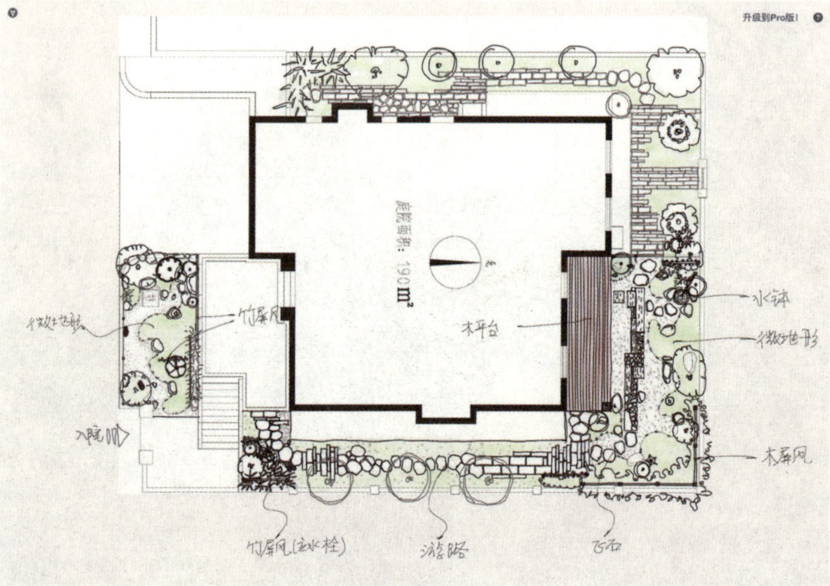
升级到Pro版!
庭院面积：190m²
木平台
水钵
微地形
木屏风
飞石
游路
竹屏风(主水栓)
入院
竹屏风
微地形

# 原乡比弗利山庄花园

项目地点：北京
花园面积：1200 平方米
花园造价：120 万元
设计师：佟亚荣
设计 / 施工单位：北京和平之礼景观设计事务所

比弗利山庄位于“夏都”延庆，项目地块远离市区，三面环山。地形覆盖自然山谷、坡地、地下山泉。花园地势高，视野开阔，融山、泉、水、树于一体。整体设计以清静、温馨、回归大自然为主题。这座依山傍水的山庄庭园，在设计手法上分为美式乡村和法式古典两部分，使花园有十足的吸引力和感染力。同时又通过对现场地形和地貌的探索，将整座花园分为四大部分，并分别赋予其设计语言。

**池塘花园**

最能体现一座花园别墅品质和感染力的部分要数别墅入口景致的处理。依据花园得天独厚的地理位置，入口水滴形花园场所，设计成亲水型池塘花园，在这个区域可以欣赏到鱼儿和种满莲花的池塘。围绕池塘一周的木质平台，可以 360° 欣赏池塘的景色，同时供人们聚集到一起闲聊。

**岩石花园**

沿着小木桥和自然式的汀步石，缓缓步入花园中。低浅的小溪静静地流淌，色彩丰富的喜水植物装点着小溪。两棵大银杏树的枝干及叶形增强了花园氛围。草木间巨大且形态独具魅力的石块堆砌，打造出独特的岩石景观，配合自然式种植手法营造出一种野趣美。

**中央花园**

正对着主入户门的区域规划了主要休闲区。笔直、对称的草坪和修剪得整整齐齐的绿篱和灌木，在整体自然式大环境中突显出来。雕塑景观是横向和纵向轴线的焦点，纵横的景观轴线正是体现花园宏伟庄严的重要表现。休闲区有层次分明的植物种植景观，丰富的植物搭配利于园主家人近距离地体验花园生活。

**台地蔬果园**

围绕花园的右半侧是分割整齐的菜地，使菜园也变得井然有序起来，大量果树和小灌木丰富了花园的边界，也是健身休闲的场地。花园植物选择的是可供全年观赏并且易于管理和维护的植物品种，多采用本地观花观叶乔灌木及宿根花草类植物，增加了易于达到景观效果的攀缘植物与岩石的结合，形成植物的三维空间，叶、花、果等形状及丰富的色彩使花园更加有生气和氛围。植物的种植将园内塑造得绿茵丛生，造型错落有致，并且每个季节都有可以欣赏的花卉做点缀，散布在各个角落的趣味小品雕像，使整个花园更加自然。花园不应只局限在白天欣赏，增加不同的灯光效果会令夜色里的花园更具魅力。最有效的花园灯光，照亮的不仅是观赏者，还有被观赏的物体和空间。草坪灯照亮了花园小径，确保夜间行走的安全，同时营造出轻松的夜间氛围；高杆灯可以延长户外活动的时间；壁灯增加了使用空间的亮度。总之，不同区域在夜间都有唯美的灯光效果。

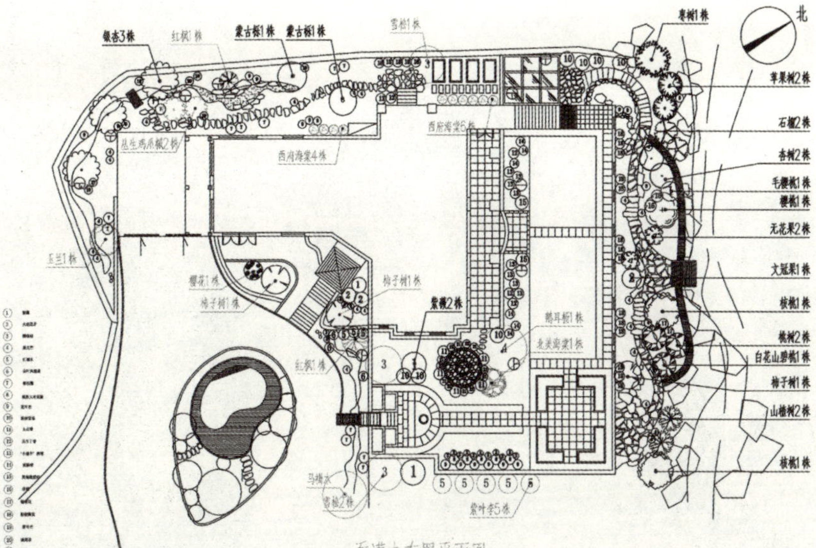

乔灌木布置平面图 1:300

# 宜兴私家花园

项目地点：江苏无锡
花园面积：3500 平方米
花园造价：450 万元
设计师：周小波
设计 / 施工单位：上海泊圃园艺有限公司

本案为宜兴某别墅区内楼王项目，客户一直想要在法式院落里营造部分禅意空间，以拥有不同的景观感受。

我们以"法式浪漫"为设计风格，营造惬意且简洁大方的居家庭院。所以本项目风格定位为中西结合，把中式院落藏在与建筑匹配的法式院落中。整个花园分为四个主题。

**南院以花开富贵、出入平安为主题**

运用中国传统元素——葫芦形宝瓶的造型，使前院显得对称与典雅，法式外形与中式文化内涵巧妙结合。四季交替开放的植物突显花开富贵的主题，形成前院独特而雅致的氛围。

**东院以细水长流、财源广进为主题**

运用曲水流觞的涓涓细流，将灵巧的水系设置在东院，为孩子玩耍时增添情趣。

**西院以风生水起为主题**

喷泉的设计，为该聚会区域增添了不少热闹氛围，宽大的平台为大型聚会提供了很好的区域，法式的白色小屋是吃烧烤和家庭聚会活动的绝佳场地。

**北院简洁而富有禅意**

中式风格讲究对称，我们运用对称式的植物点缀方法，使后院形成别样的格调。

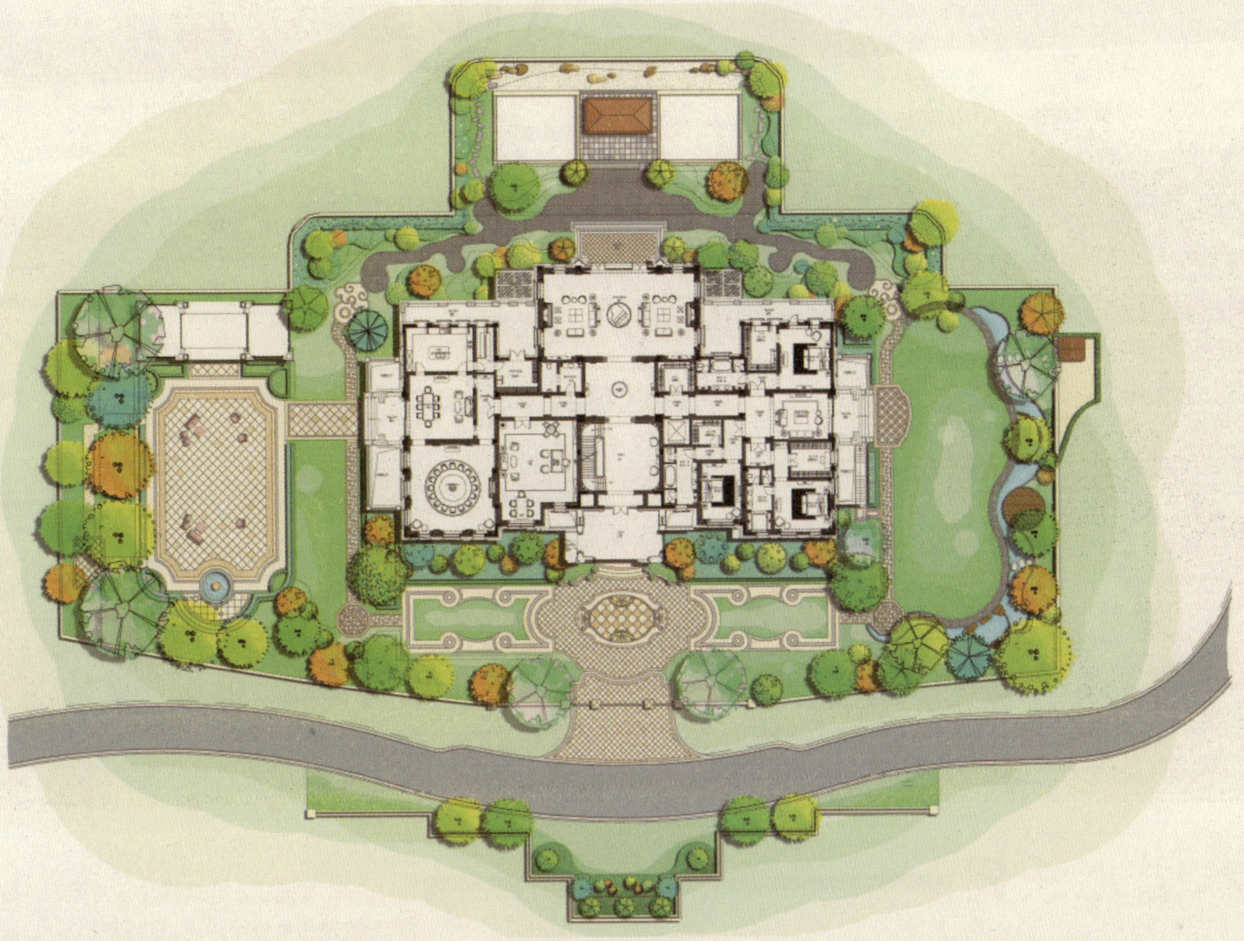

# 八宝儿乐园

项目地点：北京
花园面积：78 平方米
花园造价：22 万元
设计师：翟娜
设计 / 施工单位：北京和平之礼景观设计事务所

花园位于北京顺义区誉天下，有趣的是整个小区除东、西侧户型外，其余建筑户型、庭院场地完全一样。花园主要由 55 平方米的一层庭院与 23 平方米的屋顶露台花园两部分组成：一层庭院整体南向，形状规整，采光充足；屋顶露台面积较小，视野开阔。

在初步交流中了解到女主人十分喜爱花草，青睐于英式花园和现代风格花园，对于花园功能也有很多想法。例如一层花园主要给宝宝玩耍以及会客，屋顶露台则用于相对安静的喝茶等休闲活动，但所有功能的基础都要被满满的植物环绕。

如何利用有限的空间布局充足的功能区，是此次设计的重点。

一层庭院靠近建筑的是休闲聚会区，采用天然防腐木铺就的木平台作为室内空间的延伸，既能满足多人聚会就餐，也能供宝宝玩耍学步；操作台结合工具柜，为花园提供了充足的收纳空间；餐桌摆放于厨房窗外，以花境分隔，既保证了室内外空间的连续性，又避免了功能性设施堆在落地门窗外阻挡视线。庭院东南角种植了七叶树，挺拔的树干为木屋创造出适宜的空间。树屋底面距离地面仅有 1 米多高，对于幼小的孩子而言，仍有跌落摔伤的危险，因此把沙池设置于树屋下方，对于活泼好动的宝宝是一种保护，也能够满足两三个孩子同时玩耍的需求。年幼的宝宝还不适宜独自玩耍，与树屋毗邻的则是便于家长看护陪伴的木坐凳，这个由植物环绕的半私密空间，也是独坐休闲的好去处。屋顶露台的功能更为简单，重点在于如何将植物种植得更加自然。

在风格上，一层庭院为了能在有限的空间内容纳更多的功能需求，构筑物的设计为简洁的现代风格，直线造型充分利用每一处场地。种植则以各种花境充分体现英式花园的浪漫气息，各处花境面积均有所控制，以便打理；屋顶露台太阳直射，多风，小气候干燥，采用海洋主题，运用防腐木方料、砂砾来打造环境。

花园虽小，可谓五脏俱全——菜池、收纳区、操作台、妈妈的花草、宝宝的树屋以及全家人休闲聚会的空间一个不少，每个家庭成员都能在花园里找到自己的天地，温馨的庭院时光大抵如此吧！

# 大华西郊

项目地点：上海
花园面积：200 平方米
花园造价：55 万元
设计师：马克·朱
设计 / 施工单位：上海东町景观设计工程有限公司

别墅庭院在大多数情况下不仅是住宅的后花园，也是住宅的第二客厅，这里承载着休憩、活动娱乐、观赏、会客等诸多功能，庭院设计的好坏直接影响到整栋住宅的格调和氛围。我们先走进这如画的院子，欣赏简洁的线条和明快的色彩吧。

通过和业主沟通，确定方向和风格之后，结合现场感受进行大的功能分区，设计构思的过程基本上是由整体到细节，作为设计师一定要懂得把复杂的问题简单化，抓好主要矛盾。我们把庭院分为四部分，主要活动区刚好对着客厅，儿童活动区相对安静，还有入口区域和停车场区域。入户门处的设计，简单的黑色铁门与建筑设计十分协调，构图是大气的山水日出，象征蓬勃的生命力。

私密空间结合建筑及室内装饰风格，定位园林景观的识别性，有机和谐地融合同一空间，赋予园林景观以别墅主人独具的精神内涵。

在装修别墅庭院时有条件可以适当融入水景，可以带来意想不到的效果。

儿童区域的设计，空间合理运用，增加了活动面积，与花池相结合，动静相宜。儿童活动区里可以放置一些娱乐器械，人与自然和谐统一。

花园在白天和晚上给人的感觉完全不同。白天是线条简洁明了的极简风格，水景和花园动静结合。到了晚上，暖色灯光下的花园线条柔和了起来，生活气息更浓郁了。

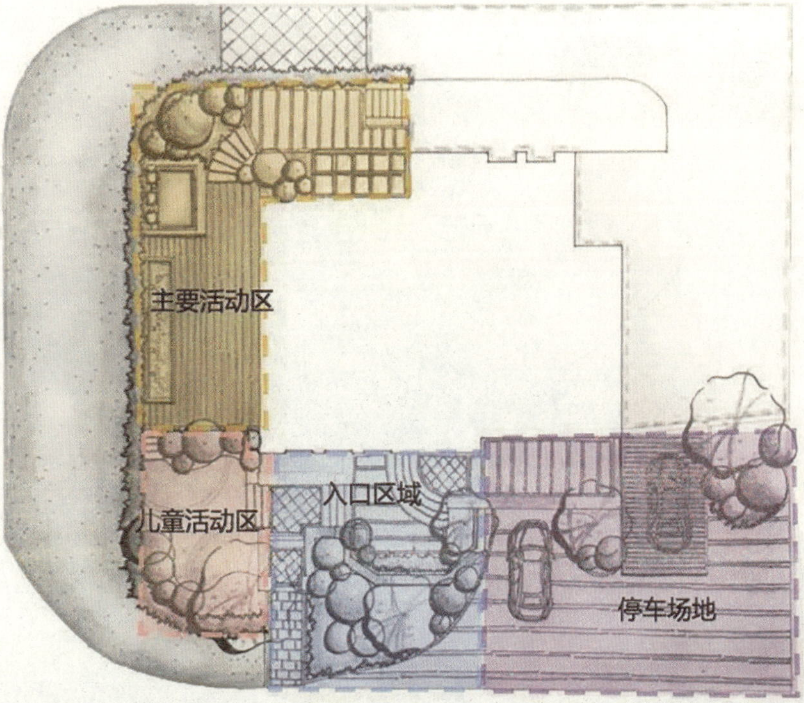


在整体偏黄色调的灯光映衬下更显温馨。背景墙采用的是耐候钢板，表面镂空山水画。

平台空间合理运用，增加了水景墙，正对客厅的大落地玻璃窗，无论身在室内还是室外，均可欣赏水景墙的风景。

从景观效果、功能需求探讨立面的造型，整体风格现代、简洁，呈现通透大气的视觉效果；与建筑组合成跌宕起伏的造型之美，利用弧、角、线的穿插变化形成现代、丰富的外观效果。选择植物材料时，考虑到别墅的生态环境，选择了生命力顽强的植物材料。

# “知春秋”庭园

项目地点：江苏苏州
花园面积：180 平方米
花园造价：32 万元
设计师：朱高峰
设计单位：F.UNS 朱高峰建筑 & 园林创作社
施工单位：苏州枫品园林景观企业

中国人喜欢用春秋之间的变化来形容时间的流转。因为春秋季有更多变化的特征，冬夏季则有更多稳定的特征。春与秋，都在瞬间完成。蓦然与剧烈，强化了人和风景相遇时猝不及防的感动，也深深激荡着我们的内心。

每到春来，心都会经历一次苏醒，我们才会恍然惊觉生命深处对光阴的柔情。秋天有最浓郁的色彩和丰硕的果实，也有伤感的况味，我们的生命是可以穿越秋风秋雨去成长的。待韶光流逝，我们的心被春花秋月涤荡得宁静、宽广。这才是生活意象拂过心灵留下的真正意味。

建筑形材色质的和谐，衍生了院落的起伏灵动；潺潺流水注入的灵动，愉悦了餐饮秀色的心情；风轻云淡开阔的天际，打开了明媚的心界……环境孕育出地势地貌，建筑奠定了骨骼，室内承载了灵魂，而院落却成熟了思想。如果生命的力量在于成长，每一个空间都应该是有生命的。

“一切景语，皆情语也。”春花、夏潺、秋彩、冬雪，有了风景，有了诗情，有了意象，也有了意境。精神和自然融为一体，景物与人心一静一动，互相映衬、呼应、融合。

远处，我们的眼睛看见风景；近处，我们的心灵产生波动。我们将心灵的感动和天地万物的活动融为一体，从而深刻地认识自己，抵达最真实的自己。一个家的生活观，应该是空间环境和人之间互相影响、互相成就的。

# 西溪里·随园

项目地点：浙江杭州
花园面积：66 平方米
设计师：铃木恒雄
设计 / 施工单位：杭州草月流建筑景观设计有限公司

清新的绿色、精致的水景、细腻的结构布局……你无法想象如此清丽的景色，竟然在一处只有66平方米的小院里。虽小巧，但精致，每个角落都有景可赏，到处显露出别致的禅意。

前院主要以观赏为主，以“绿岛”为中心，通过石块连接室内外空间，植物、石块、白砂石等日式庭院经典元素的运用，让小小前院散发着禅意自然的韵味。然而，吸引我们的除了日式元素的应用，还有细节的处理。

细节之处体现在手法的营造上，圆形的石材在草地上结束，在延伸至“海洋”的连廊后出现在海岸边，矩形的石材板与淡黄色的砂石铺就在“大海”中，一切显得那么自然。竹制、石砌，汩汩流淌，余韵不绝。

后院主要以休憩为主，由于室内与室外成为一组对景，因此后院的景观主要以功能需求为主，可以看到茶桌、铺装、墙上的竹帘等，都为满足人的使用需求而设置。

中庭，拥有如画的自然风景，白天沐浴阳光，晚上享受平静的休憩时光，在繁忙都市中，家是让心灵回归的港湾。

在有限空间内，小景的营造让人倍感温馨。石灯笼如海岸边的灯塔，照亮茫茫的大海，指引人走向回家的路。枯山水的意境，欲在方寸间引人暝思无穷，日式庭院，给人带来宁静祥和之感。借助水、石的布局，展现由繁到简、由清新到脱俗的别样风格。饮一杯茶，静享自然纯真。

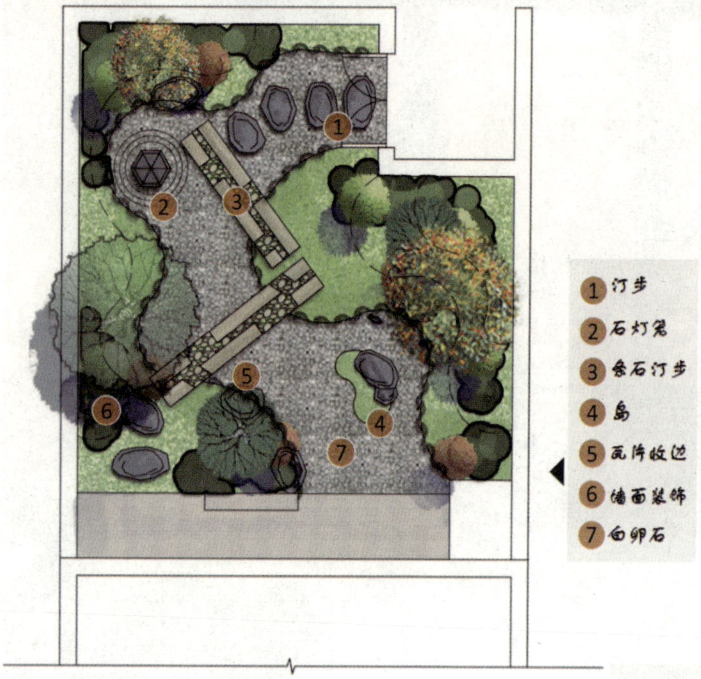
1 汀步
2 石灯笼
3 条石汀步
4 岛
5 瓦片收边
6 墙面装饰
7 白卵石

# 龙湖蓝湖郡

项目地点：重庆
花园面积：约 700 平方米
设计师：蔡辉、刘海燕
设计 / 施工单位：重庆和汇澜庭景观设计工程有限公司

本项目位于重庆市两江新区板块的龙湖蓝湖郡，一块孕育在湖光山色间的原生土地随视线起伏延展，与远处层峦叠翠的鸟类自然保护区相接；130 亩粼粼蓝湖横卧其间，3000 米湖岸线蜿蜒曲折，自南向北如长河般将 1600 亩原生土地划分为两部分。

该项目为改造项目，花园有些异形，面积约 700 平方米，环建筑一周，前、后院子有 3 米高差，上下花园交通不便。花园左右两边紧邻邻居花园，私密性较差，无外展视线，是个内向性空间。后花园的正对面是一条小区的交通公路，过往的汽车噪声是个令人很头痛的问题。业主王女士性格随和，非常热爱生活，喜欢户外运动以及自己种植瓜果蔬菜……在与业主沟通交流之后，设计师将花园风格定位为阳光、富有活力的西班牙风格。

花园整体采取质朴温暖的色彩，既明快醒目又不过分张扬，且墙面都采用

柔和的特殊涂料，不生反射光，不会晃眼，给人以踏实、阳光、富有活力的感觉。

前院满足两个车位停车的功能需求，以精致的植物、景观小品来打造简练精致的入户区，展示接纳功能。后院面积较大且相对方正，设计师将此区域定义为休闲活动区，应业主的喜好，这里以大面积的铺装为主，既体现空间的开敞大气，又满足业主打羽毛球的需求。大平台的末端以休闲茶室聚集视线焦点，旁边配以锦鲤池，池边的木平台上随意摆放一两个休闲凳椅，便营造出一个品茗、赏鱼、观花的静谧空间。

花园左侧设置楼梯，连通前、后花园，形成环线可游的交通关系，还巧妙地将户外厕所藏于楼梯下。建筑左侧没有进出口关系，位置相对偏僻、阳光充足，设备、菜地等生活功能设置于此，既满足功能需求，又不影响花园整体的美观性。

别墅花园

# 万红苑

项目地点：江苏张家港
花园面积：200 平方米
花园造价：14 万元
设计师：薛陶
设计 / 施工单位：张家港妙花匠园艺有限公司

每个人都憧憬拥有一个属于自己的花园，它是最放松和最惬意的理想场所。作为一名花园设计师，我深知一个花园设计的好坏，需要从科学性、文化性、实用性和艺术性等多方面来衡量，花园要更多地融入主人的个性，把艺术生活化。

项目位于张家港最早的一批别墅区内，别墅之间也没有统一的分隔界限，邻居之间大多以房子间的中线作为分界。业主平时喜欢摆弄花草，此前因别墅区院子大同小异，大家没有做花园的概念，所以种植花草的计划一直搁浅。

**改造想法**

从改造前现场测量的尺寸看，院子显得有点局促，粗笨的石质栏杆将建筑前的场地分隔开，建筑距前面的围墙很近，东西向较为狭长。经过沟通后，业主同意了将石质栏杆移除的初步方案，也提出了几点自己的改造想法：

· 门前两棵桂花树由夫妻俩共同移栽，也是爱情的见证，一定要保留；

· 围墙的柱子正对大门，让人产生不适感，对此加以改进；

· 偏爱东方元素一些，保留门前的鹅卵石路。

**花园入户**

移除石质栏杆后，门前顿时变得开阔起来。另外，在与两侧邻居的分界处设置木栅栏，形成围合。花园入户设在建筑东侧，设计师的设想是：每天进出时，园路两侧花境里的时令花草竞相绽放，夹道迎送……这样的场景谁不欢喜？在木栅栏边上，我们搭配了业主最喜爱的欧月。

**围墙改造**

建筑前方是整个改造工程考虑的重点，南侧是小区公共的围墙，物业要求不能破坏围墙的整体性。而围墙铸铁栏杆都已生锈松动，围墙柱涂料也已斑驳不堪。

结合花园私密性的特点，我们决定通过内侧立面的处理来打破围墙的单调。嵌入灯槽的木隔断，结合小青瓦的景墙巧妙地化解了柱子正对大门的尴尬。

米黄色的砂砾、泰山石组合、石灯笼、水钵、瓦片、鹅卵石、弧形花境等东方造园元素分割开前院狭长的空间，营造出几丛错落的景致，也柔化了硬质围墙带来的生硬感。

**空间分隔**

改造过程中，我们保留原有的石材铺装，直接铺设木平台作为休闲活动区域。花坛、单臂廊架以及 L 形的园艺操作台形成围合，爬满藤本植物的单臂廊架不仅能遮挡夕阳的直射，也起到分隔空间的作用。西侧的菜框给家里的老人增添了一分种植乐趣，打理起来也比较方便。

在院子里劳作一下午后，小憩片刻，泡一壶茶，燃一炷香，沉浸在茶香、花香、鸟鸣的世界里。诗意生活，原本如此。

# 国汇山美式庭院

项目地点：广东惠州
花园面积：400 平方米
花园造价：180 万
设计师：郑艺坛
设计 / 施工单位：惠州市风艺园林景观设计有限公司

怎样的美式风格庭院才会赏心悦目？相信大部分人会说自然、随意，其实不尽然。这个庭院，大到铺装路面，小到草坪灯，都经过严格的设计和选材。所以才让这个花园，处处洋溢着轻松愉悦之感。

花园的主人追求简洁的生活，我们按照这样的设想，让整个花园充满着浓浓的美式风情。院子里缓缓流淌的溪流，水面平静而清澈。溪流岸边种植着参差不齐的绿植，在石头的衬托下让其更显苍翠，无疑，彰显出美式风情的那分自然野趣。

美式风除了自然的溪流，石块，对于花园的灯光照明也有很多讲究。夜幕

降临，溪流周围一片漆黑，在考虑灯光照明设计的同时，还要达到让灯光与水面相映成趣的效果。

将自然发挥到极致是这座花园的独特之处，身处花园就像置身在大自然中，花、草、树、木、溪流……让花园生机勃勃、绿意盎然。

当然，对于细节的处理，设计师把握得恰到好处。比如鹿首玉石景墙，更是花园的一大亮点，不但极具观赏价值，同时也寄予着生活和睦安康的美好愿望。

在这座花园里，仅仅把花草树木纳入进来还不够，大自然的瀑布也在院子里一泻千里。

人在室内，迎面就是瀑布飞流直下，俨然一幅大自然的美好画卷，心境瞬间开朗！瀑布除了带来欢腾的响声，还为阴暗的石壁，创造了一道明亮的风景，让人眼前一亮。

或许，人们会对某种风格有所偏爱，即使在同一种风格中，每个人表达爱的方式也会有所不同。正如这座庭院，设计师在有限的空间内，将溪流、草木、瀑布予以一一呈现，给居者营造轻松自然的花园生活，可谓美！

# 山水文园

项目地点：北京
花园面积：160 平方米
花园造价：40 万
设计师：佟亚荣
设计 / 施工单位：北京和平之礼景观设计事务所

山水文园主体建筑为简约新中式风格，整座住宅区的建筑和园林布局融入“大山水”的理念。本花园项目为南北两侧两处花园空间，南侧花园滨临水系，是一处绝佳的户外休闲观景的花园，故花园风格为新中式风格。北侧花园四面围合，具有天然私密幽静的环境，又是附属室内茶室的空间，故花园设计为日式禅意花园。

南侧花园为完整的矩形花园，将原有两棵大乔木保留，通过地形的变化对空间进行分割。解决了建筑地下一层的通风问题以及花园单一无景观亮点的问题。简洁的铺装材料和路径的规划，将花园规划出主次休闲区、花境观赏区、竹林水景区、禅意置石区。

临近建筑的延伸空间作为花园的主休闲区，一颗冠形饱满的庭荫树起到为休闲区遮阳的作用。地面铺装运用规则的青石板，瓦片做装饰镶边，体现出浓浓的中式韵味。大块石材砌筑的花池将花园分割成主休闲区与邻水休闲空间。规则的小路四周则是花园的主花境区，竹林处的小型涌泉水景与中心部分砂砾置石景观相呼应，运用极简的造景方法展现最精致的花园设计。置身于简洁中式的休闲凉亭中，自然的池塘、绿植环绕，宛如身在画中。

北侧花园中，无论是置身园中还是在窗前喝茶、抚琴，这座花园都将是寄托花园主沉静超脱思想的空间。

入户门处是一处流线型木质休闲区，将原有的木平台进行改造，放置一把小型的休闲桌椅。花园主可以在花园中小坐，与自然亲近。临休闲区一周运用错落的置石以及地被耐荫植物作为木铺与旱溪的过渡，一棵白蜡树，是花园的主要景观焦点之一，作为休闲区的背景。休闲区左侧的洗手钵，潺潺的流水声，萦绕在花园中。精挑细选的置石各司其职坐落在花园中，有的作为花境的点缀，有的可以独立成景。花园的边界处理运用日式竹篱，置石分割出的种植边界作掩映，体现出花园具有很丰富的层次之感。

南院平面图

1. 入户平台
2. 下沉休闲区
3. 原有庭荫树
4. 瓦片镶边
5. 石板台阶
6. 砌筑花池
7. 种植区
8. 竹林背景
9. 涌泉水景
10. 孤植树
11. 砂砾置石景观
12. 花境种植区
13. 观赏树
14. 休闲凉亭
15. 自然水系

北院平面图

1. 入户门
2. 木制平台
3. 镶边花境
4. 砂砾
5. 洗手钵
6. 造型红枫
7. 苔藓
8. 石板桥
9. 汀步
10. 竹篱围栏
11. 观赏树
12. 荫地花境
13. 置石
14. 竹丛
15. 原生树

# 龙观禅那

项目地点：浙江宁波
花园面积：550 平方米
花园造价：65 万元
设计师：蒋科峰
设计 / 施工单位：宁波艺树堂园林有限公司

静即定，虑即慧，定慧均等之妙体曰——“禅那”。

本案位于宁波市鄞州区龙观乡南坑村，为民宿景观项目。整个村庄宁静秀美、青山绿水、竹海壮阔，独显江南山林的诗意和神韵。数十间小屋沿公路散布，但因为很多房屋久无人住，早已破损不堪、摇摇欲坠，“龙观禅那”就是在这些破败小屋的基础上修建而成。刚接手这个项目时，它仅仅存在于概念图和美好的幻想之中，如何深化设计，将其实实在在地落地，成了我们后期工作的重中之重。经过了无数次的讨论和修改后，我们将其主基调定为“禅意”。“禅意”是一种境界，它意味着淡去浮华，返璞归真。因此，我们在设计时，尽可能地利用大自然中现有的元素，还原自然本身的意趣，既“野”又“静”，源于自然又高于自然。

纵观“龙观禅那”，其建筑景观分为公共服务中心、客房、温泉三大功能区。公共服务中心主要为入住的客人提供餐饮和会客的区域。因为民宿的主人是一位颇有名气的戏剧演员，因此，我们特别打造了一个舞台，以满足主人偶尔想要上台的心愿，并以此为景作为视觉的中心，合理地组织景观各个要素（山石、植物、秋千），进行恰当、自然的层次空间的营造。主人偶尔也会在这里举办活动，邀请一些志同道合的友人。

客房区的主体建筑为旧房改造，里面运用了大量古旧和天然的材料，大到木梁、门头、砖雕，小到每一块溪石，都是造园师带领工人一点点收集回来的，再通过合理的计算，将其完美呈现。

客房区的门头，我们推敲了数种做法后，最终呈现了这种古朴悠扬的效果。

客房区设计有咖啡厅、公共景观区和独立院落客房。

公共景观区的景观设计将石板、卵石、绿植、水体等各种元素组合在一起，看似自然、富有野趣，实际上每一处的微小细节都经过了特别的设计。

客房主体在六大庭院布局中呈“品”字形，前有溪水萦绕，后有竹海悠扬，构成一幅美丽的禅意画卷。为了营造不同的意境，每个院中的景致都设计了不同的主题：“空”“灵”“静”“寂”“雅”“清”。针对不同的主题，辅以不同的景观设计。

“寂”主题的庭院，通过日式枯山水的打造，以沙代水、以石代山，白沙铺地，配置少量的乔灌木，便无他物，“寂”的感觉呼之欲出。“静”主题的庭院，利用卵石和植物营造出自然生态的“溪流”，以砂砾拟水，蕴含着极深禅意，无水却胜似有水。特别点缀的日本红枫，为这个庭院增加了几丝跳跃的生气。

你问我理想中的生活是怎样的？我想，微风徐来，物我两忘，也不过如此。

# 万象花园

项目地点：四川成都
花园面积：360 平方米
花园造价：33 万元
设计师：刘俊
设计 / 施工单位：成都玛莉亚色彩园艺工程有限公司

花园位于茶楼二楼的平台，是一个异形露台，整体面积约 360 平方米，由一条狭长的走廊和大小不一的两个不规则的平台构成。业主自幼和父亲一起养花，对花园和植物有着深厚的感情，也一直在不断添置新的植物。设计师在和业主反复沟通和商议后，确定了最后的设计方案。总体设计思路采用英式自然花园为主题的风格，把家庭园艺风格融入茶楼经营中，打造既自然又惬意的花园。

因为露台靠近街道，我们在露台外围设计了由红砖砌成的不规则围墙，这样不仅可以遮挡视线以营造空间感，也可以让整个花园更契合英式自然花园的主题。同样由红砖砌成的装饰壁炉，造型自然地与围墙连成一片。在狭长空间里，我们采用长条状的花池和单一植物种植去搭配精心设计的小径，扩大了整条走廊在视觉上的体积感，同时也满足了业主“处处有花”的需求。

花园最大区域面积达 200 平方米，一些对业主有特殊意义的植物我们都做了建设性的保留，在此基础上，设计了数个异形花池和休闲廊架，同时预留了一些可变空间，方便业主今后添置或更新植物使用。在室内和平台的交接处，我们设计了异形木门，使场景风格更加统一。

花园和业主经营的茶楼相连，根据实际情况和花园的使用率，我们在空间布局上做了合理的安排。在使用率较高的几个廊架周围，设置了互通的小径，既能增强花境的层次感，也拓展了整个花园的动线，还降低了花园中各个活动范围的相互影响，保证了空间风格使用时的私密性。

在对植物的选择和布局方面，也综合考虑了季节因素和业主原有的各种植物，我们选择了适合家庭花园种植的花卉型植物作为主要植物，还添置了一些多季节开花的多年生草本植物。同时，将业主原有的大量月季、铁线莲、绣球及多肉植物进行更为合理的花境布局，提升了整个花园的层次感，也使得花园成为真正意义上的“四季花园”。

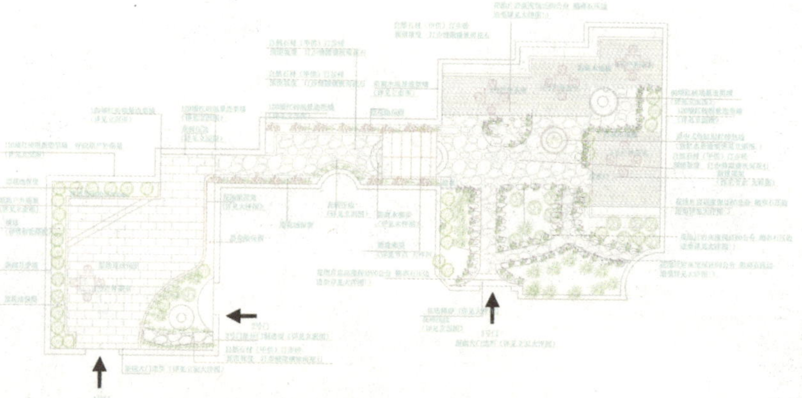

# 八八中心屋顶花园

项目地点：上海
花园面积：90 平方米
设计师：马克 · 朱
设计 / 施工单位：上海东町景观设计工程有限公司

长宁“八八中心”位于曹家渡商圈长宁路和长寿路交界处，是曹家渡“一廊九鼎”规划中唯一的新建项目，于2016年正式亮相曹家渡商圈。长宁“八八中心”现已成为曹家渡商圈核心的商业综合体。

原本的屋面不在一个水平空间上，通过木制平台架空来解决屋面空间不平问题，这样不仅可以更好地排水，而且增添了设计感！

之前的屋面有很多结构框架，使人感觉很呆板，缺乏生机，我们将原有的框架构造出了一个有顶的空间，在雨季可以更好地感受花园的呼吸并与大自然

亲密接触，在繁忙的午后可以闻到花香，仿佛置身秘密花园之境。

原来的屋面因为条件限制覆土不能太深，我们通过坡度造景及容器加固，创造性地解决了种植要求，景观和建筑浑然一体，简单又别致，带给人全新的视觉体验，花园就像是在繁华城市中突现的隐居之所。

在造景中我们通过 360° 造景法则来处理不同空间景观的视线问题，通过合理的设计将景观从室外延伸到室内，无论你是在餐厅、卧室还是客房，都可以欣赏到不一样的美景。

你可以在餐厅制作精美的餐点时一瞥窗外的美景，感受生活中无处不在的小惊喜。“采菊东篱下，悠然见南山”，在城市中生活了太久，每个人都希望可拥有一个属于自己的私属空间，可以无拘无束地放空自己。可以通过科技手段来解决蚊虫所带来的问题，通过灯光设计来完善空间使用时间段，让户外也可以很好地发挥作用。我们通过对日照、风向和建筑布局的设置来营造花园空间的分区，为你建造一个独属于你的露天餐吧，让你的业余生活不再单调。

# 布鲁斯郡北花园

项目地点：上海
花园面积：30 平方米
设计师：马克·朱
设计 / 施工单位：上海东町景观设计工程有限公司

空间有限不是让你的阳台或庭院荒芜的理由，只要经过仔细规划，再小的空间也可以变成美丽庭院。在这样美丽的露台里和家人一起赏月，真的是无比惬意的一件事。

如果厌倦了现代都市的快节奏，那就尝试去感受现代的简约装饰吧，利用开放的视野给人别样的视觉享受，一个迷人的屋顶花园和恰到好处的色彩搭配，绝对让你大开眼界！造景自然，享受其中。在特有的环境气氛中，设计独特的马赛克的水池，伴着潺潺流水声更好地解决了排水问题，在这个远离钢筋混凝土的花园里享受美好时光吧！

现代感十足的屋顶花园，一方面美感十足，另一方面为屋主提供了足够的私密空间。这里是城市繁杂生活中休息的绝佳之地，如果住在城市的公寓里，又想拥有一个漂亮的花园，这应该是你不错的选择。夜幕降临，小巧、静谧、深邃的环境带给你不一样的安静和美好。简约型的屋顶花园，到了中秋佳节，一家三口可以在这里赏月聊天。还可以种些能够茁壮成长的绿植，坐在这里，感受小树林的神秘。

# 万科五龙山九墅屋顶花园

项目地点：四川成都
花园面积：126 平方米
花园造价：17 万元
设计师：谭加敏
设计 / 施工单位：四川成都艺境花仙子景观工程有限公司

整个花园分为两层，下层庭院是与书房相接壤的起居花园，上层为屋顶露台花园。花园面积大约 126 平方米。整体建筑坐北朝南，前无高层建筑，采光较好。当地气候温和，全年风向大致为夏季东南风，冬季多为西北风。好的庭院应该与主人的喜好、兴趣相契合，给人实用舒适的感觉。

该花园的设计理念为：以使用功能为主，搭配绿化，落实“到花园里生活”的造园理念，打造花园——生活——家为一体的疗愈花园。以植物搭配作为点缀，营造“时常有颜色，四季有花香”的感官体验；打造人性化的环境，体现家的温馨；了解园主喜好，根据适合园主生活方式的内容进行布置。

设计思路上，首先，坚持“以人为本”。好的庭院毕竟是为人提供舒适感的，因此在设计中考虑园主的爱好和景观的功能性，摒弃华而不实的东西，体现“人本”思想，形成一个舒适的人居环境，如庭中的木平台、卡座、美观实用的水池和预留的成块菜地。

其次要因地制宜。本设计依据适地适植的原则，在此基础上打造一个独立的个性化环境。为园主建造一个理想的庭院，尤其是能与家人和朋友一起分享美好静怡，是一件很幸福的事情。如景观性的壁炉与卡座，可以供园主和家人共赏月色；小型菜地能在蔬菜瓜果成熟时收获喜悦等。

花园的主要区域划分为：书房外花园、顶楼露台花园。

屋顶花园为原有屋顶平台，层高有限且考虑到承重因素及视觉效果，以地面休闲硬化为主，但是在硬化区域也有着不一样的层次变化，增加了空间体量感。原有的难以利用的空间也做了隐藏和再利用（储藏空间）。书房正对面整体做了亮点处理，用软硬两种材质进行对撞，形成独特的景墙氛围。而转角的两棵造型景树成了整个花园的最好点缀，就像舞动的精灵，成了整个区域的灵魂。

屋顶露台花园为新加建区域，分为两个休闲区域，分别为园主的主要聚会区域及会客赏月区。大面积的休闲聚会区域以硬质铺贴为主，搭配美观实用的户外烧烤台，供园主举行宴请、烧烤聚会。在西北角有一处被植物环绕的木平台，是整个院落的私密交谈区域，女主人可

以和闺蜜在这里聊天、喝茶、谈天说地。而休闲聚会区域和木平台之间有一簇清泉缓缓地从石钵中涌出。潺潺流水和着嬉戏的鱼儿温暖了寂寥的秋天。而在建筑的另外一角，有一处挑高的菜园，种上些许果蔬，方便需要时及时取材。

在植物设计上，花园的植物搭配关系着整个花园最后所呈现的效果，植物的搭配力求做到乔、灌、草相结合，做到一年四季有花香、有颜色。要体现植物的季节性变化，让园主充分感受到大自然的无穷魅力。该院落的植物种植主要为自然式，有孤植、对置、群植等，在植物的选择上多为田园土树种，适应能力强。选择了三角梅、千层金、银合欢、欧洲月季、满天星等叶色、花色丰富的植物，强调园中的色彩变化。

屋顶露台花园

# 闹市中的一汪清泉

项目地点：上海
花园面积：20 平方米
花园造价：15 万元
设计师：贺庆
设计 / 施工单位：上海沙纳景观设计有限公司

该项目是一个面积 20 平方米左右的屋顶花园，所在的位置临近上海新天地——一个展现上海文化精髓的地方。周边配套齐全，海派情调十分浓郁。在其周边的项目所在地也属于高端楼盘，建筑风格和周围环境相较于其他地方更为奢华。

周边就是灯红酒绿的商业文化区，喧闹而繁华，而"翠湖嘉苑"就像一片清新的湖水静静地躺在这闹市中心。这个项目的业主是一对老夫妻，平素喜欢在家悠闲地喝喝茶、晒晒太阳，因此，顶楼屋顶的阳光房被用作茶室，让老人能够在品茶的同时享受阳光的沐浴，以此来满足老人家的喜好。

这次需要设计的区域就是一处面对这个屋顶阳光房的小平台。平台虽仅有 20 多平方米，但格局方正、平铺直叙，具有很强的可塑性。业主不忍这样一个不小的区域被荒废，同时也考虑到在品茶的时候需要一个小型景观来丰富视觉效果、营造美的视觉享受，于是打算在这个平台上做些修饰。

出于对业主的年龄层、品茶的爱好以及花园面积等因素的综合考虑，花园宜简洁明了。为此我们特意挑选了与茶元素十分契合的禅意风格进行设计——禅意景观素以净和静著称，枯山水以无山喻山、以无水喻水，缩地成寸，既精且简，蕴含浓浓的禅韵。设计时仅运用传统的禅意元素而不加过于现代的装饰：经耙制的细沙地面、小置石、惊鹿水钵、石质宫灯、常绿树、苔藓、竹篱……简单的组合，透露出雅致的古意，有助于提升整个空间的格调。方案初成就获得了老人的好评。

为营造禅意景观空寂的氛围，庭中种植的植物非常明朗，几片苔藓、数株蕨类、两棵大树……我们常说植物种植是花园的点睛之笔，即使在这么小的庭院，并在只有这么几种植物的情况下依旧如此。地面上铺的是黄色细沙，围栏用的竹篱也呈现枯黄色，种植前颇有些颓然、萧索的感觉，然而加入绿色植物以后，葱茏的生命之色中和了这种萧索感受，使之呈现出别样的生机。苔藓按照预先设计的图案伏地而植，与沙面做出明显区分，也方便做凸起的地形，设

计图案自然随意，信手而绘，使种植的苔藓看上去符合禅意的自由随性；蕨类植物立于苔藓之间，既丰富了植物，又能聚集一些视线；鸡爪槭植于花园边界处的围栏旁，伸出围栏的枝条使花园在无形中向外延伸了一些；靠向花园的另一边，与鸡爪槭相对的植物是一株虬曲怪异的造型松，青翠苍劲，具有独特的吸引力……

竹篱笆是传统禅意园林的经典元素，也是这个项目中的必需元素。由于项目位于高层建筑的屋顶，蓦然看去建筑边界处与地面未免有所脱节。像这样的禅意景观若不着地面则没有踏实感，形成的效果必然不佳，而通过竹篱对视线进行一定的阻隔，能够使融合性和代入感更加强烈。

虽然花园以小巧精致为设计原则，但为了避免小空间对视觉上造成的压抑感，在设计时运用了一些小手段：正对茶室的一面围栏上镶有大块落地镜面，使这个角落空间被扩展了一倍，一眼望去豁然开朗；而临着建筑边缘的另一侧竹篱上则开了个长长的横窗，可以透过这里望向远方的天际；近处槭树的枝条伸向竹篱之外，也在无形中将视线引向了外面，延伸了空间。

地面上铺的细沙用沙耙细细耙制后形成一轮一轮的纹痕，围绕着置石的是一圈圈如水纹、如涟漪的图案，看着就使人心灵宁静。据说耙沙的时候最可以表现一个人的心境，也有助于平复心绪，花园里的砂砾任其自然铺散，不做定型，两位老者如有闲情也可在沙地上细细品味耙沙的宁静。

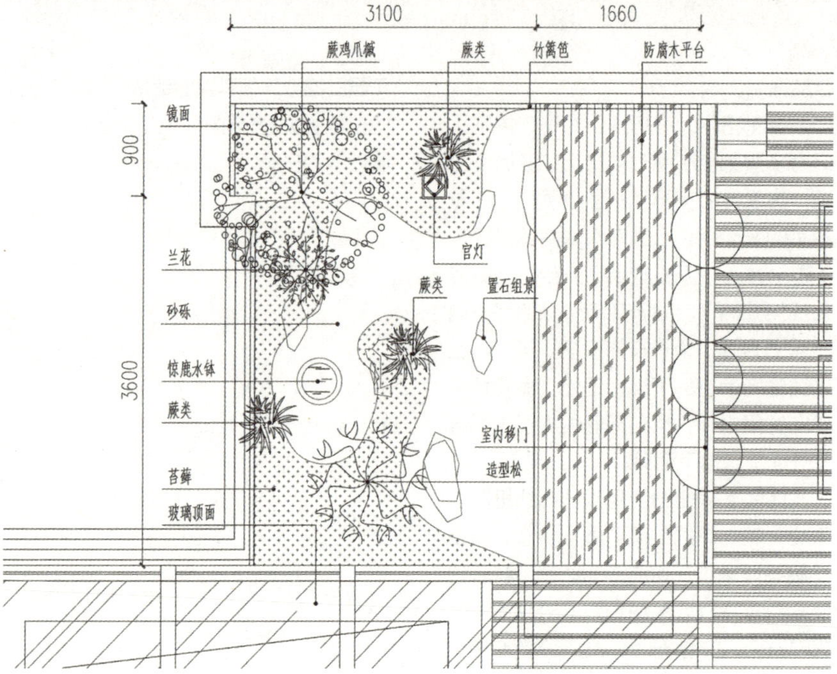
3100
1660
蕨鸡爪槭
蕨类
竹篱笆
防腐木平台
镜面
900
宫灯
兰花
蕨类
置石组景
砂砾
3600
惊鹿水钵
蕨类
室内移门
苔藓
造型松
玻璃顶面

屋顶露台花园

# 乐活露台花园

项目地点：上海
花园面积：80 平方米
设计师：张健、仇堤
设计 / 施工单位：上海苑筑景观设计有限公司

S 小姐在参观过我们屋顶花园体验中心后，欣喜不已的邀请我们来改造她家闲置多时的露台。露台由三块区域组成，与室内连接的是一块三面合围的阳光房空间，它衔接着房屋和扩建出来原本打算用做客房的小屋，阳光房内楼梯上去分南北两个出口，是两块开阔的露台空间，周边视野很好。

S 小姐想请我们把这些空间改造成一个小花园，完成自己的花园梦想，也改变下家人的生活环境，让全家人都能融入其中。

根据 S 小姐的需求和空间特性，我们通过设计布置后，将原本扩建的客房小屋改造成了书房与半室内会客厅，阳光房内用木平台与汀步卵石组合，划分

出健身区与景观空间，先生可以在此看书阅读或健身，S 小姐则可会友赏花。

屋顶的露台，北面布置了移动菜地，供长辈们种种菜，享受劳动收获带来的乐趣。地面火箭造型的跳房子游戏的图案，是给女儿和来访小伙伴们准备的小游戏。南面是户外露台花园主休闲区，布置了户外餐桌和草坪植物环绕其中，家人或朋友可以在此一起下午茶，或是夜晚出来观星、赏月、闻花香，不出门也能拥有这充满绿意舒适的乐活空间。

项目完成后回访，S 小姐说："每到晨昏见不到先生，去露台花园里找，准能发现先生在给植物们浇水，女儿与狗狗在一旁嬉戏，这就是花园带给我的小确幸。"

# 长安花园

项目地点：北京
花园面积：95 平方米
花园造价：30 万元
设计师：楼嘉斌
设计 / 施工单位：北京和平之礼景观设计事务所

花园位于北京二环内，主题建筑风格是纯中式风格，四面围合，花园是建筑的中庭。建筑环绕在花园四周，四面均能观赏庭院，又因为场地的性质，这里还是企业员工休闲之所，因此庭院设计需要兼顾观赏功能及使用、休闲功能。

庭院正南正北，西侧地势较高，与东侧主庭院有近 50 厘米的高差。除此之外，原场地上有两棵紫藤、一个方形水池、两处地下室通风口，均需保留。这些场地情况均为设计带来了难度。在这个不到 100 平方米的庭院做禅意景观，需要通透、敞亮，任何构筑物的设置、多余的元素都会让空间变得局促，少而精的选择才是最佳的表达。

考虑到以上的问题，为了衬托禅意花园风格，设计中通过园石砌岸破除位于庭院中央的方形水池，形成自然的驳岸线。花园中真水、枯水共存，利用东西向高差，在西侧高处设置水流源头，以枯水的形式一泻而下，在下游冲击河滩石，水流一分为二，或注入象征真水的水塘，或向更低之处流淌。所经之处，形成浅滩堆岛，园草摇曳，一派溪流景观的景象。砂石是真水的延续，以枯水的形式展现在花园中，溪流两侧偶点置石，增加趣味，亦在模仿大自然。水流遇滩则缓，遇石则急，相形变换，妙在其中。

转角处点植造型卫矛，与石灯相配，泛出淡淡禅味。人从桥上过，南来北往，越过东门，供人短暂停留，尽在保持花园的沉静，不受凡俗打扰。用钢丝编成网格花架，供紫藤攀爬，同时也释放了上层空间，让花架变得轻盈、隐形。

其中一处地下室通风口正对餐厅窗户，设计中利用其高度，在通风口上放置水钵，后设置竹篱，与红枫搭配，形成侧花园的主景，掩盖通风口的不雅感。另一个通风口则隐藏在一片竹林中。为了突显花园的精致感，花园中的小品都是层层挑选淘来的好物。

禅意花园的植物种植也很考究，植物多数选择姿态挺拔、叶形饱满的品种。以深浅不一的绿色作为主调，花色以白色、蓝色、紫色为主，偶尔点缀紫红色作为提亮，旨在表现沉静、不喧闹的花园氛围。花卉植物集中在西侧，主花园保持静谧之感，单一种植黄杨球与金边麦冬。堆岛处满铺苔藓，苍翠的绿色传达出花园的细腻、精致。

花园入口处也重新做了种植，种植风格与内庭相呼应，羽毛枫为主景，搭配原场地的太湖石，小叶黄杨球作为骨架，绣球衬托整体风格。

# 东风汇

项目地点：北京
花园面积：433 平方米
花园造价：268 万元
设计师：李文华
设计单位：北京海跃润园景观设计有限公司
施工单位：北京海跃润园绿化工程有限公司

花园位于北京市东四环外，为典型的四合院布局，用于公司接待的私人会所，由两套标准建制的四合院组成。四合院是以中庭为主要庭院，由于是两套四合院合为一套，所以入口调整为两套四合院中间的走廊。利用走廊独特的视觉贯穿性地将整个庭院串联起来，让整个庭院有一种引人入胜的感觉。独特的动线让来到这里的人每走过一个弯角，就发现一处神奇，每拨开一层树丛，就领会一丝惬意。

除了入户，还有影壁，它是这个院落的另一大特色。可以看到它由一个双层残月形围合而成，之所以是残月，是因为我们赋予它“月满则亏，水满则溢”的含义，寓意做什么事都不能太满，太满就过了。

从看到影壁到走近它，需要走过一条砖石铺就的小径，小径两边靠墙处栽种着疏朗的青青翠竹，竹子在夜晚明朗的月色下，也显得绿意盎然。行走其中，真正感受到我们想要表达的“纯净心灵”的意境，业主期待的也正是如此——可以在清净的地方做着自己喜欢的事。

院子空间不是很大，设计师发挥的空间很小。于是我们把院子原有的石头造景和草坪之类装饰拆除，由入户口、门头、影壁等来营造别具特色的空间氛围，达到业主的要求。

好的院子是怎样的呢？“让客户满意，也让自己满意。客户满意了自己不满意，那很没意思。反过来，自己满意了而客户不满意，院子的存在没有意义。”

在四合院的中庭里，我们营造了一个锦鲤池，可以从四个方向来欣赏、观看，同时锦鲤池旁可作为喝茶、观鱼等休闲区域。也因为有了这样的理念，院子才设计得这样贴心和精致，每个角落都显露出独特的设计美学，整个院子散发出别样的品位。

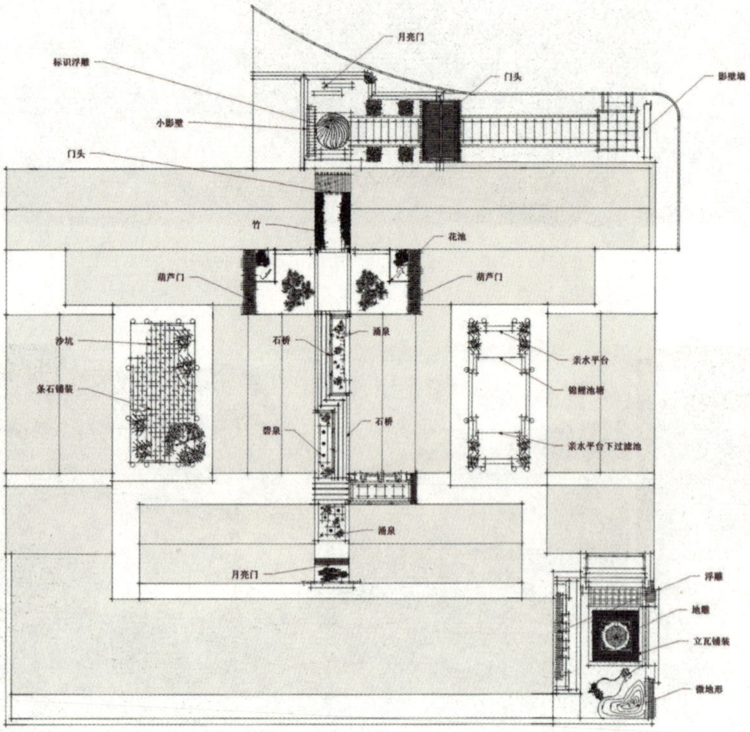
月亮门
标识浮雕
门头
影壁墙
小影壁
门头
竹
花池
葫芦门
葫芦门
石桥
涌泉
沙坑
亲水平台
条石铺装
锦鲤池塘
石桥
叠泉
亲水平台下过滤池
涌泉
月亮门
浮雕
地雕
立瓦铺装
微地形

# 吾庐

项目地点：广东惠州
花园面积：200 平方米
花园造价：16 万元
设计师：卢文填、吴锭荃
设计 / 施工单位：惠州市庐景园林设计有限公司

居所，是一个文化的载体，承载着古往今来人们对生活和环境的理解，院落，更是一种文化的展现。破旧的房屋，经历几十年甚至上百年的风尘洗礼仍保留至今，无论是旧瓦还是断壁残垣，每一处都流露出岁月的痕迹。

曾经的“吾庐”是个总占地面积 200 平方米的破旧瓦屋，经过设计师的改造，成为了一处禅意空间。

改造后，这处隐秘的院落充满禅意、自然感，院子门口种着翠竹、小巧别致的麻楝树，以及拥有宽大、翠绿叶子的芭蕉。门前的石阶被青草覆盖蔓延，颇有“应怜屐齿印苍苔，小扣柴扉久不开”的意境。

谈起“吾庐”名字的由来，让人觉

得非常有趣，因两位创始人分别姓吴和卢，于是取其谐音，命名为“吾庐”。“吾庐”改造的内容主要是原有的三间瓦房，它们都被改造为工作休闲空间。而原有的院子，被设计为中式禅意的庭院，庭院里有一个意趣盎然的水池、一个宽敞明亮的休闲平台、一个充满自然之味的茅草庐。

在改造过程中，尽量采用原来留下来的材料，以及周边收集回来的老材料，如石板、青砖、老木头等，然后结合新材料，如玻璃、钢结构，做到新老结合，既保留老房子原有的气息，又让其满足新的使用功能要求，展示新的样式。

作为汀步的青石板来自江西。特别值得一提的是窗的样式，它借鉴了明式

家具的凳面，采用倭角海棠制作而成。

夜幕降临时，庭院在夜色中展现出与白日不同的魅力，让人感到一丝神秘，让人感到静谧，又让人感到与众不同，向人们显露出它独有的姿态。

从庭院步入室内，在二楼小阁楼，有一个小小的温馨茶室，夜晚中的茶室让人的内心沉静下来，只想和好友在这里静静地喝茶、谈天，不管那些生活琐事。

白天端坐在茶室间，向外望去，庭院里青翠的树木一片葱郁，如摇晃在眼前的“森林的波涛”，让人倍感心旷神怡。

造园工作者是赋予旧屋新的生命的人，他们最大限度地保留房屋原有的气息和构造，利用原有的材料进行一些改造及翻新，满足现代人的使用需求，并

用一种新的形式把它们表达出来。待你慢慢地去观察，你会聆听到它们仿佛在向你诉说着不同年代的故事，这种岁月痕迹不仅给整个设计增加了厚重感，还能给人的心灵带来几分宁静和舒适。

# 意桥岛游艇会

项目地点：广东广州
花园面积：2500 平方米
设计师：杨健生
设计 / 施工单位：广州和之枫园艺设计

这个花园项目为改造游艇会园林景观，设计风格以日式现代园林为主题。经设计师现场勘察，并对客户需求充分考虑后，因地制宜地采用日式现代园林造景手法，着力创造一个既能与自然完美结合，又具有家的温馨感觉的游艇会所庭院景观。在这个庭院景观中，质感粗犷的花岗岩和竹篱笆使整个空间充满了艺术色彩，是庭院中的点睛之笔。此外还有两大特色特别引人注意，一是水景，二是植物。

水这一元素在景观建筑布局中发挥着主要的作用。设计师创造性地设计了瀑布景墙，水从墙上的石槽流出形成瀑布，简单流动的线条与水相得益彰，创造出一个感性、安静的空间。大胆使用花岗岩和竹篱笆，不仅使整个空间充满了艺术色彩，还引发了思想激情的碰撞。方形泳池旁安设了一块方形小水池与按摩池与之呼应，弧形水景墙不仅为平静

的按摩池增加了趣味，而且使人在按摩的同时还能欣赏如此美景。

植物布置以日式庭院造景设计手法为主，设计师利用罗汉松自有一股雄浑苍劲的傲人气势，再加上其契合中国文化的“长寿”“守财”“吉祥”等寓意，巧妙地运用“以小见大”的设计手法，将罗汉松、蕨类植物、泰山石、水钵、竹笕、石灯笼、石米、瓦片等完美结合在一起，营造轻松与惬意，自然和谐相融的日式庭院景观。

设计师巧妙利用仿真竹子与毛面不规则文化石装饰墙面，用茅草铺盖房顶以及木门楼的搭设改造更衣室与水吧，使绿化与建筑密切相连，整个空间看上去统一却不失乐趣。严谨的整体性与细节的随意性相结合，将建筑钝化，使其融会在自然之中。

# 名晟花园

项目地点：广东惠州
花园面积：50 000 平方米
花园造价：500 万元
设计师：郑艺坛
设计 / 施工单位：惠州市风艺园林景观设计有限公司

该项目是为名晟花园的居住区做花园设计，根据建筑的设计特点，整个空间在景观上采用现代中式的设计风格。以黑、白、灰色为全园主色调，点缀充满中国韵味的大红色，并运用中国传统的图案符号和营造的植物空间来打造具有中国特色的现代景观空间。

主入口采取对称的设计手法，打造出尊贵简洁的风格；园区以自然随意的线条为基础，主路的线条形似“腾龙”，寓意“吉祥飞腾”，将园区分隔出多个功能空间，满足人们多样化的需求。整体营造出舒适而人性化的空间感，形成

一个干净、精致却不失个性的现代中式院落。

“无庭不成居”，在中国传统民居中，一直都是先有庭院，再有居所。院落基本上承载了中国家庭的绝大部分生活，在某种意义上，庭院生活即中国生活。

中式庭院的营造，并不是出于空间或尺度的炫耀，而是源于中国人日常生活的需求。该项目秉承“得意而忘形”，从禅意的角度去看中式的庭院，还要诠释出现代时尚的居住功能，以小景、静院等空间元素再现中国人家的优雅风貌。

水深莫测
请勿嬉水

1. 商业街
2. 主入口广场
3. 主入口门楼
4. 对景景亭
5. 阳光草坪
6. 景观花海
7. 砂石景观
8. 圆形广场
9. 水上廊亭
10. 景观小桥
11. 景观景墙
12. 儿童乐园
13. 休闲平台
14. 文化景墙
15. 中心广场
16. 休闲廊架
17. 活动广场
18. 转化空间
19. 休闲空间
20. 小区次入口

样板花园

# 塘溪津门

项目地点：安徽合肥
花园面积：8133 平方米
设计师：郭云鹏
设计 / 施工单位：杭州草月流建筑景观设计有限公司

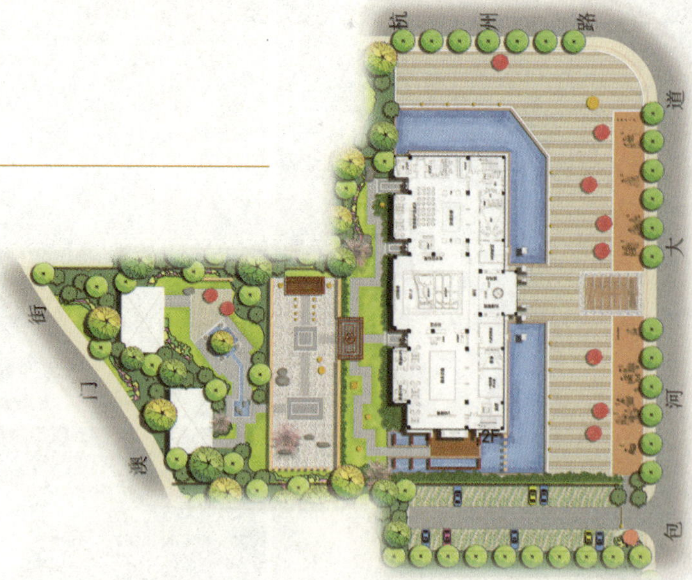


“千载繁华徽州梦，从此尽入津门里”是文一地产对“塘溪津门”项目的期盼，也是文一地产重点打造的项目之一，此楼盘被誉为合肥滨湖区的“巨无霸”。

“塘溪津门”为极具国际化都市特征的合肥带来一股清雅之气，成为地域文化与国际文化大胆糅合、历史与现代糅合、传统与时尚混搭的产物，虽然看似矛盾却是十分和谐的。

售楼处景观以“微风皖韵，人文山水”为设计理念，铸炼徽派文化，融入现代、艺术的思想，营造碧水环绕、邻里相依的景观氛围。通过大片的湖面设计与叠石景观的结合营造出丰富的生态景观，给人无限的自然体验感，还运用现代设计手法打造具有鲜明主题特色的新中式售楼处景观。

方案设计主题以“相”“意”为关键词。设计师提出“相”的设计主题，一相生万相，小中见大，采用镜面水及大片自然水景来贯穿整个设计，呈现出万相变化的园林景观。在“意”上，山水泼墨，结合古典园林意向的理念，利用现代设计手法，提取建筑上的山水贴面元素。

运用借景手法，通过湖面水与多重植物景观的结合营造丰富的生态体验，追求意境美，形成气韵生动的景观，为人们带来多重的感官享受。

# 华润中央公园

项目地点：上海
花园面积：140 平方米
花园造价：15 万元
设计师：李红艳（小飞侠）
设计 / 施工单位：上海慢客景观设计有限公司

怎样才算好的花园设计？有的人认为是自己的设计理念在整个花园设计中占 80%，有的人干脆认为业主高兴就好了。而对本案例的设计师来说，那就是把业主的需求和花园所能具备的功能，尽可能与设计师理念中的景观样式高度结合在一起，又要节约成本，还能呈现花园效果。

这个花园所在的小区是台阶式的，因此平面图上二楼是位于南面的，而其他部分则位于一楼。院子总体很规整，可供设计师发挥的空间很大。在与业主沟通时，得知业主喜欢灰色调的现代花园，这和设计师的初步设想很合拍，因此在花园建造之初，业主和设计师就建立了深厚的信任感。

整个花园由北院和南花园组成，其

中南花园又分为三个部分：西侧入院的主景区、中央的阳光草坪以及东侧主休闲的空间平台。

入户一侧的花园（北院）碎石铺地，一株羽毛枫点缀其中，枕木三两横放其中，一钵清水里生长着铜钱草，“仰望”着院子上空的蓝天白云。

西侧主景区，是一个鱼池与水景结合的入院对景，也是设计师重点考虑的一个组景，不锈钢的出水槽隐藏在充满野趣的花坛内，将循环水从景墙内引到鱼池中。在这一处水景中，出水口的水渠被隐藏在一片茂盛的草花中，它们在四周随意地生长，和水流在一起，成为这个院子自由的象征。

鱼池采用灰白色系为主色，非常现代，外观设计得简约宜人。其中朝向我

们的一侧外池壁，是特别设计的叠水景墙，叠水景墙波光粼粼，增加了整个鱼池景观的丰富性。当鱼池里的水溢满时，水流过叠水板，会下渗到碎石下，让水实现自循环。

干净规整的中央阳光草坪，两侧连接的是东、西两个空间的道路及花坛。在草坪的尽头，坐墙前种植了一排随风摇摆的芒草，芒草让实体的坐墙充满温柔的线条，瞬间柔化了观赏者的心。

最东侧是由木制平台及烧烤区组成的花园主休闲平台，这里可用来组织聚会、烧烤等活动，非常实用而且令人倍感惬意。

造园过程也充满了挑战，其中之一是业主家的木材颜色。业主喜欢灰色调，木围栏用浅灰色，木地板用深灰色，然而市面上并没有直接可用的色浆。后来设计团队选了银灰色和乌木色亲自尝试了不同比例的混合，调和出了满意的灰色。造园包含了挑战，也包含了对花园的认知。

## 图书在版编目（CIP）数据

花园集．2，庭院景观设计 / 花园集俱乐部主编．--
南京 ：江苏凤凰科学技术出版社，2019.2
ISBN 978-7-5537-9764-9

Ⅰ．①花… Ⅱ．①花… Ⅲ．①庭院－景观设计 Ⅳ．
①TU986.2

中国版本图书馆CIP数据核字(2018)第239842号

**花园集 庭院景观设计Ⅱ**

主　　编　花园集俱乐部
项目策划　凤凰空间／杜玉华
责任编辑　刘屹立　赵　研
特约编辑　杜玉华

出版发行　江苏凤凰科学技术出版社
出版社地址　南京市湖南路1号A楼，邮编：210009
出版社网址　http：//www.pspress.cn
总 经 销　天津凤凰空间文化传媒有限公司
总经销网址　http：//www.ifengspace.cn
印　　刷　天津图文方嘉印刷有限公司

开　　本　889 mm×1 194 mm　1／16
印　　张　11
版　　次　2019年2月第1版
印　　次　2023年3月第2次印刷

标准书号　ISBN 978-7-5537-9764-9
定　　价　69.80元